农业科技创新实用技术丛书

东北华北关中地区
杨树栽培新技术

陈章水　编著

U0296465

金盾出版社

内 容 提 要

本书是一部详细论述东北、华北地区与关中地区杨树栽培的专著。本书详细阐述了气候、土壤、地理特征等自然条件，杨树林发展的历史作用，近百种杨树品种起源、特性、生长规律、栽培应用过程中的经验教训。在平原地区建立生态型杨树林栽培体系，并为此推荐能优化生态环境的杨树品种，深入全面阐述生态型杨树育苗技术、立地选择及栽培与经营管理系统性的理论依据和技术措施。本书内容丰富实用，适合广大基层林业专业技术人员、农村林业工作者、林场技术人员及林业院校有关专业师生阅读和参考。

图书在版编目(CIP)数据

东北华北关中地区杨树栽培新技术/陈章水编著 . — 北京：金盾出版社,2014.3

（农业科技创新实用技术丛书）

ISBN 978-7-5082-9003-4

Ⅰ. ①东⋯　Ⅱ. ①陈⋯　Ⅲ. ①杨树—栽培技术　Ⅳ. ①S792.11

中国版本图书馆 CIP 数据核字(2013)第 277231 号

金盾出版社出版、总发行

北京太平路 5 号(地铁万寿路站往南)

邮政编码：100036　电话：68214039　83219215

传真：68276683　网址：www. jdcbs. cn

封面印刷：北京精美彩色印刷有限公司

正文印刷：北京万博诚印刷有限公司

装订：北京万博诚印刷有限公司

各地新华书店经销

开本：850×1168 1/32　印张：8.5　字数：213 千字

2014 年 3 月第 1 版第 1 次印刷

印数：1～6 000 册　定价：17.00 元

前　　言

　　东北地区属于中温带半湿润气候区，华北地区与关中地区属于暖温带半湿润气候区，在杨树栽培方面属于Ⅰ、Ⅱ、Ⅲ、Ⅳ、Ⅷ杨树栽培区，在我国杨树地理分布方面，属于最适宜生长的地域。（见陈章水著，杨树栽培实用技术。中国林业出版社，2005和国家林业行业标准"杨树栽培技术规程"2007.10颁布实施）。

　　在上述地区，杨树栽培历史悠久，对当地的生产、生活诸多方面都起到了不可或缺的历史作用。在栽培技术方面，广大群众有着丰富的实践经验和科学创新。种植杨树是当地群众的生活习惯和生产需求，很多杨树造林栽培技术方法和实用措施都源自于群众长久的经验积累。在本书中，笔者比较详细地论述了该地区所在各省（市）杨树栽培的历史过程和经验教训。

　　本书用大量篇幅对本地区近百种杨树的种、品种、无性系的种源、亲本、生态特性、抗病虫害性能与树木形态、地理分布及其历史上和当前栽培方式、生长规律、生长水平进行介绍，并对有关经验教训进行了系统的论述和分析，为今后选择杨树品种提供了理论依据。当前，我们要以继往开来和与时俱进的精神，积极倡导平原地区生态型的杨树林栽培与经营方针，切实贯彻以生态建设为主体的林业发展战略，将杨树林建设定性为重要的公益产业和基础产业，以加强生态建设，维护生态安全，弘扬生态文明；不能因过分追求木材产量的高产水平而导致水资源以及其他各种天然资源的过分损失,导致生态环境的恶化。

　　为此,本书环绕杨树林生态建设目标,着力选择和推广能优化生态环境的杨树品种和其他树种,严格执行国家规定的杨树苗木标准和造林地选择条件及其整地方式,不能因营造杨树人工林而不经意地破坏具有环保作用的原有植被。在造林技术上强调节水型造林措施,提倡深栽滴灌技术,避免过分追求高产丰产而大量消耗天然水资源;强调合理修枝和合理施肥、积极提倡林农间作;重点防治主干病虫害,提倡从抗病虫害能力强的树种选择做起,同时亦阐述了主要病虫害的防治方法。通过这一系列环保节能栽培技术达到生态型杨树林的全面建设。

　　在众多杨树栽培与经营管理方面的专著中,专门论述我国中、暖温带半湿润气候区的东北地区、华北地区以及关中地区的杨树林专著尚属首次。在编著过程中,我们十分怀念曾为此做出重要贡献的已故赵天锡同志,也要十分感谢杨志敏博士、王富国工程师。

陈章水

目　录

第一章　自然条件

在我国杨树 13 个栽培区中,属于东北与华北和关中地区的中温带和暖温带半湿润气候区的有Ⅰ、Ⅱ、Ⅲ、Ⅳ、Ⅷ 5 个杨树栽培区。在行政区划上包括黑龙江省、吉林省、辽宁省、河北省、天津市、北京市、河南省、山东省以及陕西省的渭河流域关中地区。

第一节　地理特征

一、松嫩及三江平原栽培区(Ⅰ栽培区)

本栽培区位于我国的东北部,地处北纬 43°11′~49°35′,东经 102°30′~135°02′,按照地理位置和自然条件,可划分为三大亚区,即松嫩平原、三江兴凯湖平原和地处吉林省西北部的松辽平原。

松嫩平原位于黑龙江省的西部,西面与景星、甘南太平湖、大兴安岭为界,东部以科洛河、铁力、巴彦龙泉镇一线与小兴安岭为界,东南以龙凤山、五常、阿城一线与东部山地为界,南抵松辽分水岭。区内有山前冲积高平原和冲积平原。全区海拔 110~300 米,台地海拔稍高,为 180~300 米,区内主要河流有嫩江和呼兰河,嫩江流经冲积平原,呼兰河流经台地。

三江兴凯湖平原,位于黑龙江省东部。三江平原由黑龙江、松花江、乌苏里江冲积而成。在三江平原的南部有兴凯湖平原,是由穆棱河河谷与兴凯湖平原构成,是由冲积和湖积而成。三江和兴凯湖平原地形平坦,低平而辽阔,平均海拔 50 米左右。

地处吉林省西北部的松辽平原,以公主岭一带为界与Ⅱ栽培区相连,属于松花江和辽河的冲积平原。

本栽培区总体来看,地势平坦、江河纵横、水土较为肥沃,是我国主要农业产区,也是平原林业发展的重要地区。

Ⅰ栽培区的行政范围,地跨黑龙江和吉林两省,在黑龙江省主要是哈尔滨市、黑河市、齐齐哈尔市、绥化市、大庆市、鹤岗市、佳木斯市、双鸭山市、七台河市、鸡西市等72个市、区、县。在吉林省有白城市、镇赉县、大安市、洮南市、通榆县、松原市、扶余县、乾安县、前郭尔罗斯蒙古族自治县、长岭县、长春市、农安县、德惠市、榆树市、九台市、吉林市、舒兰市、蛟河市、永吉县、延吉市、敦化市、汪清县、安图县、珲春市等24个市、县。在两省境内的大、小兴安岭,牡丹江林区,长白山林区,都属于天然林及天然次生林的经营范围,因而不能作为杨树人工林栽培的地域范围。

二、松辽平原栽培区(Ⅱ栽培区)

本栽培区地处辽河大平原北面,以松辽分水岭洪积丘陵地与北面的松辽平原相连,东连以长白山为主的丘陵山地,西临内蒙古高原,南邻辽南渤海湾平原区。全栽培区在吉林省包括松嫩平原和双辽冲积平原,在辽宁省有辽河冲积平原区,包括辽宁中部冲积平原区、辽北的平原区和辽西走廊区。在地质构造上属于华北陆台之渤海沟壑。是由于辽河不断冲积大量泥沙,逐渐形成地势缓慢向南倾斜的广大大平原,海拔在220米以下。境内主要河流有辽河、浑河、鸭绿江、图们江等。本栽培区地处北纬43°11′～49°35′,东经102°30′～135°00′。

本栽培区的行政范围:吉林省的磐石市、桦甸市、和龙市、图们市、珲春市、四平市、双辽市、梨树县、公主岭市、伊通县、辽源市、东辽县、东丰县、通化市、辉南县、梅河口市、柳河县、通化县、集安市、白山市、靖宇县、抚松县、江源县、临江市、长白县等 26 个市、县；辽宁省的沈阳市、阜新市、铁岭市、抚顺市、本溪市、辽阳市等 51 个市、区、县。

三、海河平原及渤海沿岸平原栽培区（Ⅲ栽培区）

本栽培区可分为辽宁省辽南平原的辽东半岛、河北省的海河冲积平原、冀中平原，以及山东省的山东半岛冲积平原区和鲁西北平原。

在辽宁省以丹东、新民、锦州一线以南，即辽南平原，为浑河、太子河、辽河、绕阳河、大凌河下游围绕渤海湾的大平原，是一个长期沉积地区，海拔在 50 米以下，地面平坦。在其南端濒海地带地势低洼，海拔 5 米左右。

在河北省的河北大平原是本栽培区的主要地带。河北平原区是华北大平原的一部分，东临渤海，西部和西北部至太行山及冀西北间山盆地区，北以燕山山地为界。河北平原大部分地区海拔低于 50 米，由山麓向渤海湾倾斜。各河流向东、东北流入渤海，其中以海河最著名，所以本栽培区命名为海河栽培区。根据其地貌成因不同和分布情况，可分为山麓平原、燕山与太行山山麓平原、低平原和滨海平原四部分，山麓平原主要由燕山、太行山的一系列河流如滦河、永定河、滹沱河、漳河等冲积洪积扇连接而成。燕山与太行山山麓平原，呈条状分布，宽度不一，在 10～90 千米，地势倾斜，也有洼地、残丘、沙地。低平原主要有海河水系与古黄河长期泛滥冲淤而成，地势平坦，海拔在 50 米以下，微地形有河床高地、缓岗、浅平碟形洼地、沙岗。滨海平原是海河与渤海湾的海岸平原，地貌特征是海拔低，一般少于 5 米，地势平坦多洼地，大致可分为滨海低平原和沿海沼泽低洼地两种。

在山东省有鲁西平原和鲁北平原。位于山东省西北部和西南部,为华北平原的组成部分,这里地形空旷平坦,一般海拔在50米左右,由西南向东北逐渐降低。鲁西北平原位于山东省的西部、西北部及北部,黄河自洛口以东横贯于本区,河床高于两侧平地,多为黄河故道的沙质沉积物。黄河三角洲在利津以东,向渤海形成扇形,前缘突出于渤海湾和莱州湾之间,三角洲地面底平,海拔在10米以下。在山东省东部是三面环海的胶东丘陵区,海拔大多为200~300米的波状丘陵,沿海有散状平原。

本栽培区行政范围:辽宁省大连市、丹东市、鞍山市、营口市、盘锦市、锦州市、葫芦岛市等16个市、区、县;河北省石家庄市、张家口市(部分)、承德市(部分)、秦皇岛市、唐山市、廊坊市、保定市、沧州市、衡水市、邢台市、邯郸市等149个市、区、县;北京市10个区、县;天津市9个区、县;山东省济南市、聊城市、德州市、东营市、淄博市、潍坊市、滨州市、烟台市、威海市、青岛市等80个市、区、县。

四、黄淮平原栽培区(Ⅳ栽培区)

本栽培区位于华北大平原南部,北起山东省鲁西南平原,南至豫西南的南阳盆地以北,沿伏牛山、桐柏山向东连接淮河流域北岸。在山东省的鲁西南平原,北临黄河,东至运河,南靠黄河故道,与河南省的黄土地貌相连,该地区地势自西向东微缓倾斜,比降在1/8 000左右。由于黄河多次改道,新旧河道和天然河堤纵横交错,形成大量的缓岗和洼地,以及由黄河带来的冲积物,主要地貌有黄土塬、黄土丘陵、黄土峁和黄土阶地。

本栽培区大部为黄河与淮河堆积而成的黄淮平原,海拔30~100米,多为沙岗、沙丘、坡状沙地、湿地和泛淤平地。在黄河冲积平原以南至淮河北岸,多为黄河和淮河共同冲积的淮北平原,海拔10~40米。

本栽培区行政范围：山东省日照市、临沂市、枣庄市、济宁市、泰安市、莱芜市、菏泽市等 40 个市、区、县；河南省郑州市、三门峡市、洛阳市、焦作市、新乡市、鹤壁市、安阳市、濮阳市、开封市、商丘市、许昌市、漯河市、平顶山市、周口市、济源市等 115 个市、区、县。

五、渭河流域栽培区（Ⅷ栽培区）

本栽培区的渭河流域，即为关中平原，又名关中盆地，北界渭北黄土高原区，南抵秦岭山地，西起宝鸡，东至潼关，东西长 360 千米，南北宽 50 千米～80 千米，是一个三面环山向东敞开的河谷盆地，俗称八百里秦川。地处北纬 34°01′～35°29′，东经 106°20′～110°40′。平原的地质构造属渭河地堑带，是在地堑式构造盆地的基础上堆积深厚的老黄土、黄土和现代冲积层，经长期冲刷沉积、切割和平夷形成河漫滩、河成阶地、黄土台地和山前洪积扇地貌。渭河横贯平原中部至潼关入黄河。河槽地势平坦，海拔西部 600米，东部入黄河港口 322 米。因河流的切割与堆积作用，在渭河两侧形成河漫滩和一、二级阶地。渭河以北阶地发育完整、阶面宽广，渭河以南阶地残缺不平，第一阶地是近代冲积物，以沙壤或轻壤为主。第二阶地为黄土性沉积物，地势平坦开阔。水源充足，灌溉方便，土质肥沃。

本栽培区的行政范围：陕西省的西安市、咸阳市、宝鸡市、渭南市、铜川市等 47 个市、区、县。

综上所述，在我国中温带和暖温带半湿润区的地理特征主要由松嫩平原、三江平原、兴凯湖平原、松辽平原、辽河平原组成的东北平原和辽东半岛，以及由海河平原、黄淮平原、山东丘陵区、山东半岛组成的华北平原和渭河流域的关中盆地等大小平原、盆地、丘陵、半岛组成。这些地区在历史上就是我国重要的农业生产发展的地区，在我国农业事业方面占据着极为重要的地位，林业，尤其是杨树栽培事业始终作为农区平原林业为农业等社会经济而服务。

第二节　气候特征

按照 1966 年我国气候区划标准,松嫩及三江平原地区、辽河平原地区属于中温带半湿润气候区;辽东半岛、渤海沿岸及海河平原地区,黄淮平原地区和渭河流域地区属于暖温带半湿润气候区。

据此,杨树Ⅰ、Ⅱ栽培区属于中温带半湿润气候区,Ⅲ、Ⅳ、Ⅷ栽培区属于暖温带半湿润气候区。

现将各栽培区的气候特征分述于下:

一、松嫩及三江平原栽培区（Ⅰ栽培区）气候特征

(一)气　温

第一,年平均气温变幅较大,在松嫩平原为 $-0.4℃\sim2.0℃$,三江平原为 $2.2℃\sim2.6℃$,进入吉林省界的松嫩平原年平均气温有所提高,为 $2.4℃\sim3.8℃$ 。

第二,极端最低气温由北往南略有增高,在 $-45℃\sim-35℃$ 之间。

第三,1 月份平均气温由北往南有所增大,但变幅不大,最低是黑龙江省的松嫩平原最低为 $-27℃$,进入吉林省界约可增高至 $-20℃\sim-17℃$ 。

第四, $\geqslant10℃$ 积温,大致在 $2\,100℃\sim2\,800℃$,南北差异不明显。

（二）年平均降水量

年平均降水量近于半湿润气候区的下限，但从北往南有所增大，在黑龙江省境内，西部的嫩江平原较东部的三江平原低，进入吉林省界之后，又略有提高，整个栽培区年平均降水量变幅在 400～700 毫米。

（三）无霜期

该区是全国杨树 13 个栽培区中无霜期最少的一个栽培区，在 100～135 天之间，由北往南有所提升。

二、辽河平原栽培区（Ⅱ栽培区）气候特征

（一）气温

虽然地跨吉林与辽宁两省，但却处于辽河平原，在气温条件方面，南北差异不大，但比Ⅰ栽培区有明显的提高，大致是：年平均气温（4.5℃～8.0℃）～（6.0℃～8.5℃），极端最低气温（－40℃～－31℃）～（－35℃～－28℃），1 月份平均气温（－18℃～－11℃）～（－16℃～－11℃），≥10℃积温（2 900℃～3 800℃）～（3 200℃～3 900℃）。

（二）年平均降水量

全栽培区年平均降水量变幅在 550～850 毫米，大范围而言，较Ⅰ栽培区有所增加。

（三）无霜期

全栽培区全年无霜期最低 130 天，最高 160 天左右，较Ⅰ栽培区增加 20～30 天。这一变量是较大的，也说明Ⅰ、Ⅱ栽培区在气候条件上有明显的量的差异。对于杨树栽培不能等同而论。

三、海河平原及渤海沿岸栽培区 (Ⅲ栽培区)气候特征

(一)气　温

第一,年平均气温从北向南略有增高,在辽南平原为 7.5℃～12.0℃,海河滦河平原为 10℃～12℃,冀中平原略高为 10℃～14℃,在山东省的鲁西北平原、鲁中山地丘陵和胶东半岛冲积平原在 12℃～14℃之间,无明显差异。

第二,极端最低气温从北往南有比较明显的增高,在−30℃～−21℃增至(−21℃～−14℃)～(−22℃～−18℃)之间渐变。

第三,1 月份平均气温辽南平原为−12℃～−8℃,进入河北、山东之后,气温明显增高,在−7℃～−3℃至−4℃～−1℃之间变动。

第四,≥10℃积温,辽南平原较低为 3 300℃～4 000℃,在河北、山东的华北大平原在 4 000℃～4 500℃之间变动,较辽南平原高。

(二)年平均降水量

从北往南略有增加,在 500～830 毫米之间变动,个别地区可达 1 000 毫米。

(三)无　霜　期

从北往南变化较明显,辽南平原在 150～200 天之间,河北、山东的华北大平原在 180～220 天之间变动,在胶东半岛冲积平原略高,为 190～220 天。

四、黄淮平原栽培区(Ⅳ栽培区)的气候特征

(一)气　温

第一,年平均气温在鲁西南平原、豫东平原和豫北黄河冲积平原在 12℃～15℃之间,在豫中南淮河冲积平原稍高为 14℃～18℃,已接近于长江中下游平原的北亚热带气温。

第二,极端最低气温在−20℃～−13℃之间,淮河冲积平原稍高在−17℃～−11℃。

第三,1 月份平均气温为−2.0℃～−0.6℃,鲁西南较低,可达−2.3℃,淮河冲积平原稍高,在−0.9℃～−0.1℃。

第四,≥10℃积温,在 4 000℃～4 800℃之间变动。

(二)年平均降水量

变动在 740～1 000 毫米之间,往南淮河冲积平原稍偏高。

(三)无 霜 期

为 190～240 天,南北差异不明显,在 5 天左右。

五、渭河流域栽培区(Ⅷ栽培区)的气候特征

(一)气　温

第一,年平均气温 13℃左右。

第二,极端最低气温−21℃。

第三,1 月份平均气温−4℃～−1℃。

第四,≥10℃积温,为 4 000℃～4 600℃。

(二)年平均降水量

在 520～750 毫米之间,渭河下游降水量大于上游。

(三)无 霜 期

为 200～230 天,渭河下游较上游温暖,无霜期有差异。

关于上列五个栽培区的气候指标详见表 1-1"杨树 Ⅰ、Ⅱ、Ⅲ、Ⅳ、Ⅷ 5 个栽培区平均气温指标"。

表 1-1 气象数据使我们认识到,虽然都属于温带半湿润区,其中还有中温带和南温带的区别,在 Ⅰ、Ⅱ、Ⅲ、Ⅳ 四个栽培区中,从北往南排列,气温越来越高,降水量越来越大,无霜期越来越长。Ⅰ栽培区所处位置实为我国中温带的最北端,其北面即为北温带,气候更加寒冷,生长期更短;Ⅳ栽培区所处位置实为我国南温带的最南端,其南面即为北亚热带湿润区,在其区域内,实际上存在由南温带半湿润区逐渐向北亚热带湿润区逐渐过渡,因此,在气温、降水量和生长期等气候因素也有着微妙的变化;Ⅷ栽培区的渭河流域,在气候区划方面,虽属暖温带半湿润区,但在地理位置上已开始向半干旱区过渡,因此其气温、降水及无霜期等气候指标都不及地处华北大平原的Ⅲ、Ⅳ栽培区。

上述气候上的差异决定着在杨树栽培技术上的差异。

表 1-2 是部分市、县气象资料,供参考。

表 1-1　杨树 Ⅰ、Ⅱ、Ⅲ、Ⅳ、Ⅷ 5 个栽培区平均气候指标

栽培区		地理位置	年平均气温(℃)	年平均降水量(mm)	极端最低气温(℃)	1月份平均气温(℃)	≥10℃积温(℃)	无霜期(d)	气候带	气候区
Ⅰ	东北平原	黑龙江省:松嫩平原	-0.4~2.0	400~550	-38~-45	-18~-27	2100~2700	100~120	中温带	半湿润区
		黑龙江省:三江兴凯湖平原	2.2~3.6	450~600	-37~-42	-17~-21	2400~2800	110~130		
		吉林省:松嫩平原	2.4~3.8	500~700	-35~-42	-17~-20	2500~2800	110~135		
Ⅱ		吉林省:辽河平原	4.5~8.0	550~850	-31~-40	-11~-18	2900~3800	130~160		
		辽宁省:辽河平原	6.0~8.5	550~850	-28~-35	-11~-16	3200~3900	140~160		
Ⅲ	华北平原	辽宁省:辽南平原	7.5~12.0	670~1000	-21~-30	-8~-12	3300~4000	150~200	暖温带	
		河北省:海河滦河平原	10.0~12.0	500~650	-21~-27	-3~-7	3600~4400	180~210		
		河北省:冀中平原	10.0~14.0	570~700	-16~-22	-1.4~-4.4	3900~4500	180~220		
		山东省:鲁西北平原	11.0~13.0	580~650	-16~-22	-2~-4	4000~4500	180~220		
		山东省:鲁中山地丘陵	12.0~14.0	600~700	-14~-20	-1~-3	4000~4500	180~220		
		山东省:胶东半岛冲积平原	12.0~14.0	650~830	-14~-21	-2~-4	3900~4500	190~220		
Ⅳ		山东省:鲁南平原	12.0~14.0	740~960	-13~-20	-1~-2.3	4100~4600	190~230		
		河南省:豫东平原	13.0~14.0	650~880	-13~-22	-0.6~-2.0	4000~4500	200~230		
		河南省:豫北黄河冲积平原	12.0~15.0	630~850	-12~-18	-0.7~-2.0	4000~4700	190~220		
		河南省:豫中南淮河冲积河冲积平原	14.0~18.0	750~1000	-11~-17	-0.1~-0.9	4100~4800	195~240		
Ⅷ		渭河流域关中平原	11.0~14.0	620~750	-15~-20	-0.8~-4.0	4000~4600	150~180		

表 1-2 杨树 I、II、III、IV、VII 5 个栽培区部分市、县气候指标

地　点	年平均气温（℃）	极端最高气温（℃）	极端最低气温（℃）	1 月份平均气温（℃）	年平均降水量（mm）	无霜期（d）	年平均相对湿度（%）	年平均日照时长（h）	≥10°积温（℃）
哈尔滨市	3.5	35.4	−38.1	−19.7	526	144	65	2541	2824
尚志市	2.2	33.8	−41.0	−20.5	661	119	73	2585	2454
牡丹江市	3.2	35.6	−38.3	−18.8	545	130	67	2593	2620
绥芬河市	2.3	34.0	−37.5	−17.1	567	115	66	2658	2099
宁安市	3.5	37.2	−38.2	−18.9	600	128	65	2663	2518
佳木斯市	2.5	36.2	−38.1	−17.8	476	125	65	2423	2466
抚远县	2.2	36.7	−39.2	−20.3	591	128	70	2833	2529
七台河市	2.4	36.6	−40.0	−21.7	573	127	73	2524	2810
绥化市	2.0	36.3	−38.3	−22.2	536	126	65	2936	2912
绥棱县	1.8	36.8	−39.3	−22.1	548	127	65	2862	2873
鸡西市	3.5	34.0	−38.4	−27.3	516	134	64	2819	2580

续表 1-2

地　点	年平均气温 (℃)	极端最高气温 (℃)	极端最低气温 (℃)	1月份平均气温 (℃)	年平均降水量 (mm)	无霜期 (d)	年平均相对湿度 (%)	年平均日照时长 (h)	≥10°积温 (℃)
鹤岗市	3.7	35.4	−35.6	−17.7	608	142	61	2554	2446
齐齐哈尔市	3.2	39.9	−35.3	−19.3	433	134	62	2815	2745
嫩江市	−0.4	37.4	−43.0	−25.2	567	103	68	2570	2227
肇州县	3.6	35.7	−38.3	−17.8	434	112	65	2608	2671
敦化市	2.7	33.4	−38.3	−17.5	607	116	70	2477	2246
长春市	4.9	36.4	−36.5	−16.9	572	154	64	2663	2917
四平市	5.9	36.6	−33.8	−16.4	619	132	64	2925	3107
通化市	4.9	35.0	−35.6	−16.6	871	131	70	2378	2771
集安市	6.4	37.7	−34.7	−15.8	998	140	70	2306	3170
延吉市	4.9	36.4	−32.2	−14.4	525	134	65	2370	2714
抚顺市	6.5	36.3	−35.0	−15.0	794	152	67	2532	3193

续表 1-2

地　点	年平均气温 (℃)	极端最高气温 (℃)	极端最低气温 (℃)	1月份平均气温 (℃)	年平均降水量 (mm)	无霜期 (d)	年平均相对湿度 (%)	年平均日照时长 (h)	≥10°积温 (℃)
彰武市	7.1	36.0	-30.4	-13.0	498	152	69	2889	3317
本溪市	8.0	37.3	-31.4	-12.8	797	160	64	2505	3477
辽阳市	8.3	36.3	-33.7	-12.2	785	165	62	2570	3552
锦州市	9.0	35.7	-24.7	-9.0	607	166	58	2811	3566
兴城市	8.7	36.5	-24.0	-9.1	676	177	62	2806	3478
营口市	9.0	33.8	-25.7	-9.7	694	182	65	2963	3611
盖　县	9.1	36.6	-26.1	-9.5	662	167	60	2914	3542
大连市	10.1	34.4	-21.1	-5.2	671	200	67	2741	3615
北京市	11.6	40.6	-27.4	-4.7	584	185	59	2793	4148
塘沽区	12.1	38.7	-17.1	-4.0	657	235	67	2913	4818
唐山市	11.1	38.9	-21.0	-5.6	661	190	62	2650	4059

续表 1-2

地　点	年平均气温 (℃)	极端最高气温 (℃)	极端最低气温 (℃)	1 月份平均气温 (℃)	年平均降水量 (mm)	无霜期 (d)	年平均相对湿度 (%)	年平均日照时长 (h)	≥10°积温 (℃)
保定市	12.2	41.4	−22.0	−4.3	594	201	64	2716	4358
衡水市	12.6	42.7	−22.5	−4.5	504	200	64	2659	4444
邢台市	13.0	41.8	−20.0	−3.2	600	205	64	2623	4431
惠民县	12.2	41.7	−18.3	−4.4	610	180	65	2646	4288
德州市	11.6	41.3	−22.0	−3.6	583	198	64	2682	4412
文登市	11.1	36.4	−25.5	−3.0	856	212	74	2586	3902
淄博市	12.9	40.7	−21.3	−3.4	854	187	64	2588	4422
济南市	14.3	40.5	−16.7	−1.4	724	212	58	2789	4737
青岛市	11.9	36.9	−17.2	−2.7	836	191	72	2617	3954
安阳市	12.6	40.3	−15.9	−1.7	605	197	66	2681	4543
三门峡市	13.9	42.2	−14.7	−0.5	535	22	61	2405	4460

续表 1-2

地点	年平均气温 (℃)	极端最高气温 (℃)	极端最低气温 (℃)	1月份平均气温 (℃)	年平均降水量 (mm)	无霜期 (d)	年平均相对湿度 (%)	年平均日照时长 (h)	≥10° 积温 (℃)
开封市	14.3	42.9	-14.7	-0.5	616	221	68	2233	4805
洛阳市	14.7	44.2	-18.2	0.5	616	217	65	2314	4751
许昌市	14.8	41.9	-11.6	0.9	730	214	68	2290	4730
西华县	14.8	42.9	-16.1	0.1	722	215	68	2886	4658
菏泽市	13.7	42.0	-15.6	-1.6	672	211	68	2587	4001
临沂市	13.2	39.0	-16.5	-1.7	907	198	68	2483	4417
铜川市	10.5	37.7	-16.8	-3.2	619.3	160.0	64	2367.1	3432.7
大荔市	13.3	42.8	-16.2	-1.5	638.0	149.3	67	2294.0	4452.4
宝鸡市	12.8	41.4	-13.2	-0.8	704.4	154.6	69	2505.1	4044.5

第三节　土　壤

中温带和暖温带半湿润气候区Ⅰ、Ⅱ、Ⅲ、Ⅳ、Ⅷ 5 个栽培区的土壤及其基本特征分述如下：

一、黑　土

(一)分布地域

在Ⅰ栽培区，黑土主要分布在黑龙江省和吉林省的中部，集中分布在小兴安岭和长白山西侧的山前波状起伏台地上，在黑龙江省东部和吉林省东部亦有少量分布，即主要分布在松嫩平原、三江平原的广大平原及台地。根据成土过程的特点与发展方向，黑土又可划分为黑土、草甸黑土、表潜黑土和白浆化黑土 4 种，在本栽培区，多分布在地势平缓地或漫岗的下部。

在Ⅱ栽培区，黑土主要分布在哈大铁路两侧，成为北宽南窄的带状分布。在长白山山前波状起伏台地上有集中连片的分布。在本栽培区的黑土分布区，年降水量在 500～600 毫米，无霜期 130～140 天，是主要商品粮生产基地。黑土区的地形大部为平缓坡地或起伏很小的丘陵，地势平缓辽阔，地下水位较深。

(二)形态特征

黑土在形态上最主要的特征是具有一个深厚的黑色腐殖质层，从上到下逐渐过渡到淀积层和母质层，厚度可达 30～70 厘米，甚至达到 100 厘米，土壤结构性良好，大部为粒状及团块状结构，水稳性团聚体可达 70%以上。土层疏松多孔，无钙层，无石灰反应，有铁、锰结核，有白色粉末和灰色斑块及条纹。一般冻层北部较南部深厚，秋季常有滞水层。在结核组成中有机质占 0.1%～5.7%。

(三)物理性状

黑土土壤质地多为黏壤土,颗粒组成以粗粉沙和黏粒为多,各占 30%以上。表层黏粒较少,质地较轻,淀积层和母质层黏粒较多,质地较重。黑土的容重为 1.0～1.5,自表层往下逐渐增大,孔隙度在耕作层可达 60%,通气孔隙在耕作层只有 10%～20%,耕层以下更小,说明黑土的通气性不太好。黑土的最大吸水率为 10%～14%,凋萎湿度为 11%～19%。黑土透水性较差,耕层每小时透水量为 96 毫米,往下逐渐下降,透水速度较弱,表层每小时 40～45 毫米,往下逐渐减少。

(四)化学性质

黑土的化学组成较为均匀,在黑土的粗黏粒中,含有水云母、针铁矿、水氧化物。在细黏粒中,含有大量水氧化物。黑土呈中性至微酸性反应,有机质含量一般为 3%～6%,以表层最多,向下迅速减少。黑土的全氮及全磷量一般为 0.1%～0.3%,交换阳离子以钙、镁为主,交换量较高,表层每 100 克土为 35 毫克左右,保肥能力较强。

二、黑 钙 土

(一)分布区域

黑钙土主要分布在 I 栽培区黑龙江省和吉林省的西部。黑钙土分布区域较黑土区干燥,降水量少,蒸发量大。黑钙土是黑龙江省和吉林省农业主要土壤,黑钙土分为典型黑钙土、淋溶黑钙土、草甸黑钙土和碳酸盐黑钙土 4 个亚类。

(二)形态特征

黑钙土是由腐殖质积累和石灰淋溶淀积两种过程共同作用的

结果,其基本特点是剖面层次十分清楚,由腐殖质层、腐殖质舌状淋溶层、钙积层和母质层组成。腐殖质层可厚达 30～50 厘米,钙积层多于 50～90 厘米处。淋溶黑钙土的腐殖质层可厚达 50 厘米以上,钙积层出现于 1～1.5 米及以下,草甸黑钙土的钙积层最为明显,而石灰性黑钙土多不明显。

(三)物理性状

黑钙土主要发育于黄土母质,因而其质地一般介于黑土与栗钙土之间。多为粉壤土至黏壤土,其中粉粒占 30%～60%,黏粒占 10%～30%,心土层高于表土层和底土层,石灰淋溶淀积比较活跃。各亚类的质地有所区别,淋溶黑钙土较黏重。一般为黏壤土。典型黑钙土为粉壤土,质地比较适中,耕性较好,但易遭风蚀。碳酸盐黑钙土多为粉沙土,草甸黑钙土多发育于冲积湖积物,质地黏重,多为黏壤土。

(四)化学性质

黑钙土的石灰淋溶强度由淋溶黑钙土→典型黑钙土→碳酸盐黑钙土逐渐减弱,淋溶黑钙土在 1～1.5 米范围内几乎不含石灰、呈中性反应,有白色粉末和铁、锰结核。碳酸盐黑钙土从表层起即有强石灰反应,典型黑钙土则介于二者之间,中部出现钙积层,表层呈中性,往下逐渐变为碱性。典型黑钙土的腐殖质层较厚,表层有机质含量丰富,自然自给力高,淋溶黑钙土腐殖质层可厚达 50 厘米以上,草甸黑钙土可大于 50 厘米,黑钙土 30～50 厘米,碳酸盐黑钙土一般不超过 30 厘米。表层有机质淋溶黑钙土大于 10%,典型黑钙土和草甸黑钙土为 5%～8%,石灰性黑钙土小于 5%。典型黑钙土的氮素含量较丰富,磷、钾含量亦高,但典型黑钙土的肥力不及黑土,但也是一种潜在肥力较高的土壤,适宜于发展农林牧业生产。

三、白 浆 土

(一)分布地域

白浆土主要分布在Ⅰ、Ⅱ栽培区。

在Ⅰ栽培区,白浆土多分布于黑龙江省的东部和北部,多见于黑龙江、乌苏里江与松花江下游河谷阶地、高阶地和台地或低洼地。白浆土通常可分为白浆土、草甸白浆土和潜育白浆土3个亚类。

在Ⅱ栽培区,白浆土多分布于海拔300米以上的山间谷地、盆地和山前台地,在长白山北坡多分布于二道白河以南海拔700～900米的熔岩台地上,亦可见白浆土、草甸白浆土和潜育白浆土3种亚类。

(二)形态特征

白浆土在腐殖质层下面有一灰白色亚表层,层次分明,有腐殖质层、白浆层、淀积层和母质层4个基本土层,腐殖层厚10～20厘米,团块状结构,较松;白浆层厚20～40厘米,灰白色紧实、无结构;淀积层暗棕色或灰黑色,小棱柱状结构,黏紧,有明显的胶膜和白色粉末;母质层主要是河、湖黏土沉积物。在白浆土剖面中,可见到铁、锰结核,灰斑和锈斑及白色粉末新生体,且全剖面都有。

(三)物理性质

白浆土质地较黏重,黑土层和白浆层的物理性黏粒为40%以上,淀积层为60%以上,而表层和淀积层黏粒成分分别为10%～20%和60%～70%,质地相差甚远,呈现明显的"二层性"。腐殖层的孔隙度为60%左右,白浆层下降至40%左右。土壤透水性表层较好,每分钟1毫米左右,白浆层少于1毫米,淀积层几乎不透水。持水量黑土层为30%～40%,白浆层为20%～25%,淀积层为 25%～30%。

（四）化学性质

白浆土有机质含量，荒地表层为 8%～10%，耕地表层为 2%～3%，在腐殖层以下急剧下降至 0.5%，总体来看，白浆土腐殖质总贮量不高。白浆土 pH 值为 5～6，交换性盐基总量较高，可达 20～30 毫克当量，其中以钙、镁占绝对优势。盐基饱和度为 60%～80%，全氮含量较高，为 0.3%～0.4%，全磷含量 0.2%，全钾含量 1.6%～2.0%，养分水平无逊于黑土。白浆土质地黏重，黏土矿物以水云母为主。白浆土主要问题是黏重，板结，冷浆，养分不足，保水性不良，怕涝怕旱，早春地温不易上升，是一种低产土壤。通过造林可以逐步得到改善，在白浆土地上加强林业经营，已有实际成功经验。

四、草甸土

（一）分布地域

在Ⅰ、Ⅱ、Ⅲ栽培区都分布有草甸土。

在Ⅰ栽培区，主要分布于三江平原和松嫩平原以及各河流两岸泛滥地和低阶地。在黑土地区的滩地，低阶地和平原低平地、沿河湖盆地分布最广，分布有暗色草甸土亚类。在吉林省松花江流域广大的冲积平原、河谷漫滩及部分河床沙丘间的低地上广为分布。草甸土母质多为河流淤积冲积物。在北部松嫩平原分布有碳酸盐草甸土。

在Ⅱ栽培区，主要分布于辽河平原的河滩地及低洼地。辽宁省的大清河、浑河、太子河等河流两岸及下游地区都有分布。本栽培区的草甸土与Ⅰ栽培区的不同之处，在于亚类方面有所区别，Ⅰ栽培区多属暗色草甸土亚类，本栽培区多属草甸土亚类。暗色草甸土分布面积较小,主要在中长铁路沿线一带(沈阳、辽中、台安、北票、盘锦的丘陵、岗间的低地、岗顶平缓洼地、坡麓阶地)。在辽河平原北部局部低地、小凌河沿岸分布有碳酸盐草甸土。

在Ⅲ栽培区分布有普通草甸土和浅色草甸土两种。普通草甸土主要分布于高原湖泊外围下湿地以及山区河谷地带,地形平坦,地下水位在 1～3 米,是直接受地下水季节性浸润影响,在草甸植被下形成的半水成土壤,土壤肥沃,分布于山谷地的多已垦殖。浅色草甸土,亦称潮土,是在地下水直接作用下,在河流沉积物上耕作熟化形成的半水成土壤,多分布于海拔低于 50 米的冲积平原,母质为河流沉积物;地下水深 0.5～2.5 米,地下水直接参与成土过程;由于常年耕作,多数已成为熟化农耕土。

(二)形态特征

草甸土的草甸过程是地面生长草甸植被,形成土壤有机积累,同时由于地下水位较浅,土层下部直接受地下水浸润,有季节性氧化、还原交替过程。因此,草甸土壤基本上可分为腐殖质层和锈色斑纹层。腐殖质层因有机质含量不同而呈暗色、灰色和棕灰色。质地随沉积层次而变化,根系多,土壤湿润,底土颜色较浅,呈棕色或黄棕色,有明显的锈色斑纹和铁、锰结核。

(三)水分特征

草甸土水分含量较高,在一年中随生物气候变化而有明显季节性变化,大致可分为 3 个时期:水分消耗期,一般从 4 月中旬至 6 月下旬或 5 月上旬至 8 月中旬,因地区不同而异;水分补给期,从 7 月末至 10 月末,或从 8 月末至 10 月末;冻结期,从 11 月开始至翌年 4 月中旬或 5 月上旬,在冻结期潜水位有所下降。草甸土的水分剖面自上而下可分为易变层、过滤层和稳定层。易变层 0～30 厘米,土壤水分受气候和植物的影响明显,变化较大,土壤含水量在 10%～20%;过渡层 30～80 厘米,水分受气候和植物的影响比较小；稳定层 80～150 厘米，受气候和植物影响更小，主要受潜水的湿润影响，土壤含水量较高，大于田间持水量，且较稳定。

（四）草甸土土壤亚类的基本特性

草甸土共有 4 种亚类，与杨树发展有关的有 3 种，即暗色草甸土、草甸土和灰色草甸土。

暗色草甸土颜色较暗，多为棕灰色或暗灰色，质地较黏重，结构较好，有小型铁、锰结核，成土母质为湖积物或淤积物，中性反应，腐殖质含量较高，有机质 4%～7%，全氮 0.2% 左右，全磷 0.07%～0.11%；易溶性盐含量 0.1% 以下，潜在肥力高；具有较多的水稳性团粒，结构良好，土壤孔隙度大，透水能力强。

草甸土亚类，颜色较浅，表层灰棕色，多为粉沙土或粉壤土，或沙黏相间，有少量铁锰结核，成土母质主要是无石灰性河流淤积物，底部有沙层或砾石层；酸性或中性反应，表层有机质含量为 1.5%～2.5%，氮、磷含量丰富。

灰色草甸土和林灌草甸土在本栽培区极少见。

五、盐 渍 土

（一）分布地域

盐渍土主要分布于Ⅱ、Ⅲ栽培区。

在Ⅱ栽培区分布有内陆盐渍土和滨海盐渍土两类。内陆盐渍土多分布于阜新、沈阳、铁岭、四平、通化。多以碳酸盐为主，间有氯化物，可分为轻盐土（盐渍化草甸土）、重盐土（盐土）及碱土，滨海盐渍土在沈阳以南有少量分布。

在Ⅲ栽培区主要分布于沿海一带的滨河盐土。由于海水浸淹而形成。其积盐与脱盐过程与海潮的进展关系十分密切。滨海盐土以脱离海潮时间的长短、距离海水的远近、人为活动因素而有区别,一般离海越远,脱离海潮越久,土壤脱盐程度越多,盐分越轻,盐分的轻重大致以同心圆自渤海向平原方向逐渐递减。滨海盐土土体含盐量由表层至底层比较接近,盐分组成以氯化物为主,这与内陆盐土盐分集中于土壤表层、盐分组成以碳酸盐为主的特征有着明显的区别。按盐化程度可划分为盐渍化草甸土、滨海盐土和氯化物潜育化草甸土 3 大类。

(二)内陆盐渍土的理化特性

内陆盐渍土成土母质为河流沉积物,因矿化的地下水位上升的影响与灌溉不当而引起次生盐渍化,使土壤表层含盐。Ⅱ、Ⅲ栽培区的内陆盐渍土以碳酸盐为主,间有氯化物。分为轻盐土、重盐土和碱土 3 种。轻盐土即盐渍化草甸土,表层含盐量 0.1%～0.7%,又可分为盐化草甸土和碱化草甸土两类。盐化草甸土以苏打为主,含盐量 0.1%～0.7%,土层较厚,结构良好,腐殖质含量 1%左右,全氮、钾含量不高,速效氮、磷、钾较多。按含盐量可分为轻度、中度、强度苏打盐化草甸土。轻度的含盐量 0.1%～0.25%,pH 值 7.5～8.5;中度的含盐量 0.25%～0.5%;强度的含盐量 0.5%～0.7%。

重盐土,表层含盐量 1%～2%,最高可达 10%,以苏打盐为主,pH 值很高,一般在 8.5～10.0,物理性状很差,不透水,多呈光板地,可分为碱化草甸盐土,再严重则成为碱土,都不适于杨树栽培。

(三)滨海盐渍土的理化特性

滨海盐渍土成土母质为现代海水浸渍冲积与沉积物,可分为盐渍化草甸土和滨海盐渍土两类。

盐渍化草甸土即为滨海轻盐土,多分布于距海较远的广阔平原地区,含盐量以氯化物为主,可分为轻度、中度及强度 3 种氯化物盐化草甸土。轻度的多已开垦利用,地下水位 1～1.5 米,矿化度 3.0%～10.0%,含盐量 0.3%左右,上层土壤有机质 1%～2%,质地轻壤—中壤,利于杨树生长。中度的土壤质地黏重,为中壤—重壤土,地下水位 1～1.5 米,含盐量 0.6%左右,有机质含量 1%～2%,可栽培耐盐性较强的杨树品种。强度的分布于近海或低洼排水不良低地,含盐量 1%～1.5%,有盐斑,地下水位 1～1.5 米,不利于杨树栽培。

滨海盐渍土是滨海重盐土,表层含盐量大于 1.5%,多呈光板地,受海潮影响和盐分组成不同可划分为氯化物草甸盐土和氯化物—碳酸钠草甸盐土两种,都不利于杨树生长。

六、沼　泽　地

(一)分布地域

沼泽地主要分布在 Ⅰ、Ⅱ 栽培区。

在 Ⅰ 栽培区所有长期或短期积水或过湿的地方几乎都有沼泽土,在东北地区的沼泽土多分布于大、小兴安岭和长白山等山区的沟谷和熔岩台地及平原的河边、湖滨低洼地。在 Ⅰ、Ⅱ 栽培区主要分布于三江平原,在吉林省境内松花江和辽河流域的分布趋势是东部较多,往西逐渐减少。沼泽土分布特点多呈片状或带状分布。

沼泽土按土壤腐殖质或泥炭积累的状况和潜育程度可划分为草甸沼泽土、腐殖质沼泽土、泥炭腐殖质沼泽土、泥炭沼泽土和泥炭土。这 5 种林类在 Ⅰ、Ⅱ 栽培区都有分布。

在 Ⅱ 栽培区沼泽土多与草甸土呈复合交错存在,其分布趋势由东部向西部内陆干旱地区逐渐减少,多呈片状或带状分布。一般多分布于地势低洼的地段,在山地多见于分水岭的碟形地和封闭的沟谷盆地。冲积扇前缘或扇形地间的洼地,在河间地区多见于甸子地及松辽平原、辽河平原的湖沼。在 Ⅱ 栽培区沼泽土的亚类有泥炭土、沼泽泥炭土、泥炭腐殖质沼泽土、腐殖质沼泽土和草甸沼泽土。

(二)沼泽土的沼泽过程

沼泽土是在气候条件湿润、地形低洼,由于母质黏重,渗水性不畅,形成地表水多,地下水位高,致使土壤常处于季节性长期积水状态,并长年生长着喜温植物的条件下形成。土壤沼泽化过程的实质是表层泥炭化与土壤下部土层的潜育化。可分为陆地沼泽化过程和滞水沼泽化过程。不同的沼泽化过程形成不同的沼泽土亚类。

(三)杨树栽培区域内的沼泽土亚类基本特征

在杨树栽培区域内分布有并可用于杨树栽培的沼泽土亚类有草甸沼泽土、腐殖质草甸土、泥炭腐殖质草甸土、泥炭沼泽土和泥炭土。

草甸沼泽土主要分布在沼泽外围,是草甸土向沼泽土的过渡,在河滩阶地、平原低地及低洼地均可见到。土壤常处于湿润状态,地表无积水,夏季有短期积水。土壤有机质含量 8.0% 左右,pH 值东北地区 5.2~5.4,华北地区 7.0~7.5。

腐殖质草甸土多见于阶地、谷地、湖泊和河道边缘。有临时性积水,有机质含量很高,一般可达 20%~40%,氮、磷含量丰富,钾含量偏低。

泥炭腐殖质草甸土多分布于泥炭沼泽土的外围,地面长期积水,只能在极干旱的情况下才有短期露出水面,土壤发育层次明显,表层 20 厘米为泥炭层,以下为腐殖层,再下为潜育层,土壤呈中性偏酸性反应。

泥炭沼泽土在东北地区分布较多,土层表层泥炭积累多,厚度 50 厘米左右,土层可分为泥炭层和潜育层,有机质含量表层可达 23%~25%,pH 值 7.5~8.5,碳酸钙含量可达 5%~10%,总盐量 0.7%~0.8%。

泥炭土在东北地区分布广,在黑龙江与吉林省山间谷地及低地。以苔草泥炭土为主,泥炭土上层可达 50～200 厘米,其下为过渡层及潜育层。泥炭层含水量较高,一般为 80%,pH 值 4.2～5.0,氮素含量丰富,钾素含量很低。

七、沙 土

(一)分布地域

沙土在各栽培区都有分布,只是由于耕作过程土壤改良等经营过程,土壤特性有所改良。在Ⅰ栽培区,主要分布在杜尔伯特蒙古族自治县、泰来、龙江、富裕、肇东以及穆棱河、绥芬河、黑龙江、乌苏里江、松花江及兴凯湖等河流湖泊的沿岸滩地和第一阶地。在Ⅱ栽培区,比较集中分布于东辽河冲积平原、松花江、嫩江等地的河漫滩阶地,辽河沿河南岸与滨海沙地上,根据生态条件和发育程度可分为生草沙土、黑土型沙土、黑钙土型沙土和流沙。

在地处华北平原的Ⅲ、Ⅳ栽培区,主要分布在滨海沙地和海河、永定河,漳河、黄河等河流故道沿岸滩地。阶地,在易县、涞源、定兴、唐县、望都、涞水、雄县、枣强、邢台、大名、馆陶、邱县、天津、中牟、兰考、民权、宁陵、长垣、濮阳、内黄、延津、封丘、新郑、尉氏等市、县都有分布。

(二)理化特性

沙土是沙质母质上发育形成的幼年土,其理化性质是:土壤颗粒米丘,沙粒占 90% 以上,土质松散,耕性好,透水性强;不抗旱、不保水,不抗风;土质瘠薄,有机质含量少,为 0.15%～0.71%,养分缺乏,含氮量 0.01%～0.07%,全磷含量 0.02%～2.1%,速效磷 2.2 毫克/千克,速效钾 82 毫克/千克;土壤热容量小,导热性差,炎热的夏天,表层温度可达 60℃～80℃,水分极易损失,表层常会形成厚7～8厘米的干热层。

根据沙土发育程度,沙土类型可分为生草沙土和流沙,在黑龙江省的松嫩平原和三江平原,根据发育程度,可分为黑钙土型沙土、栗钙土型沙土和松林沙土等。

八、潮　土

(一)分布地域

潮土分布范围很广,在整个东北大平原,华北大平原以及渭河流域的关中平原都有分布。

潮土分布于地势平坦的河流两岸冲积滩地,河流多次泛滥改道、淤积而形成的自然堤、缓岗及洼地。

(二)形态特征

潮土的形态特征主要体现在由不同质地的耕作层及沉积层所构成,有时出现潜育层、沙姜层和沼泽层。耕作层主要因施肥、耕种程度的不同而影响其厚度、色泽和结构。厚度一般为15～30厘米,呈浅灰棕色及暗灰棕色。以屑粉状、块状及团状结构为主。潮土质地受流水分选沉积规律支配,区域性差异很明显,矿物组成亦随沉积物的质地类型及地区差异而有明显差异。

(三)理化性质

潮土疏松多孔、透水性好、土体湿润,常见铁锈斑纹及结核,有时有石灰结核,土壤质地因母质不同差异较大,沙质、壤质、黏质都有。在地下水较高的情况下,土层下部往往有潜育层。土壤容重在1.2～1.5克/厘米³。孔隙度在44%～58%。沙质潮土持水性差,田间持水量在10%～14%,凋萎系数3%～4%;壤质潮土持水性中等,田间持水量在16%～26%,凋萎系数4%～10%;黏质潮土持水量26%～32%,凋萎系数10%～16%,持水性强。沙质潮土保水保肥能力差,有机质及养分积累少,肥力偏低;黏质潮土有较多的有机质和黏粒,养分易于积累,潜在肥力较高;壤质潮土居中,理化性状好,土壤内部水、热、气、养分易于积累,潜在肥力较高。潮土表层养分的平均含量,大致是:全氮0.065%,速效磷6.0毫克/千克,速效钾6.0毫克/千克。潮土一般呈中性至微碱性反应,pH值7.5～8.5,常含碳酸钙。

(四)潮土类型

潮土一般有下列5种土类,其理化性质诸方面均有明显差别。

1. 两合土 是黄潮土亚类的一种类型,质地多属壤质粉土和粉壤土冲积物发育而成的一类土壤,地下水埋藏深度2.5～3.5米,矿物质小于1克/升,多属重碳酸盐、氯化物—钙镁质水。

按土壤熟化程度可分为油性两合土、两合土、淤两合土、沙两合土。按土壤质地层次排列的土体构型差异程度,可分为漏沙两合土、夹沙两合土、夹黏两合土和沙姜底两合土。

油性两合土是熟化程度较高的一种土壤,熟土层厚达30厘米以上,有机质含量高达1.5%以上,矿物质含量养分显著增高。其他几种土壤都均属中等熟化土壤,有机质含量1%,熟化土层厚度15～20厘米。两合土质地适中,粉土、粉壤土在2米土层内质地均一,偶见薄层夹黏层,不影响水分运行。耕作良好,耕、耙后即碎,保肥供肥性能好,能稳定均匀发挥肥效。沙两合土和淤两合土,物理黏性增加,粗粉粒减少。夹黏两合土其托水、保肥作用较强,耕作良好。漏沙两合土在耕作层下即有厚层沙土,漏水漏肥,是低产土壤。沙姜两合土肥力较低,耕作层较浅。

2. 潮黏土 亦为黄潮土类的一种类型,可划分为红花淤土、漏风淤土、夹沙淤土、沙底淤土、沙姜底淤土等。其中,红花淤土耕层较厚,耕性好;漏风淤土的养分含量较高,但耕性差;夹沙淤土和沙底淤土有轻度漏水漏肥;沙姜底淤土地下水位较高,耕性不良,是潮黏土中肥力较低的土壤。

潮黏土的肥力特性是质地黏重,耕作不良,质地多为粉黏土至壤黏土,胶粒含量丰富,耕性不良。一般通气性不良,水分不易下渗,怕涝。干后地表开裂,极怕旱。潮黏土潜在肥力高,但有效肥力低,潜在肥力不易发挥作用。

3. 潮沙土 亦是黄潮土亚类的一种类型,又可分为青沙土、泡沙土、飞沙土和面沙土,属于低肥土壤。泡沙土质地为面沙土,有机质含量 0.3%~0.5%,青沙土质地为沙粉土,有机质含量 0.5%~1.0%。耕层以下往往为面沙土,养分含量低。飞沙土质地最轻,为松散的细沙土和粗沙土,物理性黏粒含量极低,无黏结性,易于随风飞扬,故名飞沙土,有机质含量 0.3%以下,养分含量较低,属于潮土中肥力较低的一种土壤。

4. 盐化潮土 盐化潮土是潮土向盐土过渡的一种土壤类型。由于气候干湿季节交替,在旱季返盐明显,盐分随地下水上升并积聚地表,形成盐霜,雨季暂时脱盐,地表盐随水向下移动。到翌年旱季盐分又随地下水上升并积聚地表。按盐分组成,盐化潮土可分为硫酸盐—氯化物盐化潮土、氯化物—硫酸盐盐化潮土、碳酸盐化潮土及氯化物盐化潮土。按照盐分积聚强度及对植物生长发育影响程度又可分为轻盐化潮土、中盐化潮土和重盐化潮土。

5. 碱化潮土 碱化潮土是潮土向碱土过渡的一种土壤类型,形态特征与黄潮土相似,只是表层结构很差,土粒分散,雨后形成薄片状硬结壳,其背面出现蜂窝状孔隙,以下为不同质地的沉积层状土层。碱化潮土地区的地下水矿化度不高,为 1~2 克/升,属重碳酸盐—硫酸盐、重碳酸盐氯化物—镁钠质土,表层交换性钠可达 1~3 毫克当量,总碱度超过 1 毫克当量,碱化度大于 15%,pH 值高于 9.0 以上,有机质及其养分含量少,植物长势差。

除上述类型之外,在一些地区如海河冲积平原,还将潮土分类为潮黏土、潮沙土、盐化潮土、褐潮土等。

九、褐　土

(一)分布地域

褐土是Ⅲ、Ⅳ、Ⅷ栽培区地带性土壤,主要分布于石灰岩、黄土、碳酸盐冲积物上,也常与棕壤呈复区存在,在沿胶济、京沪铁路两侧山前平原地带、鲁中山地及山地中下部河谷阶地均有分布。海拔50~700米均可见。褐土包括5个亚类,即典型褐土、淋溶褐土、碳酸盐褐土、草甸褐土、褐土性土。典型褐土一般分布于低山丘陵区,成土母质主要为黄土和黄土冲积物;淋溶褐土分布于棕壤带与褐土带中间部位,在燕山、太行山山麓冲积扇亦有小面积分布;碳酸盐褐土,多分布于太行山丘陵、岗坡及山麓平原,发育于黄土母质及石灰岩风化物;草甸褐土,主要分布于山麓平原末端低平部位,地下水深3米左右;褐土性土,多分布于石质丘陵,坡度大,侵蚀强。褐土为华北大平原北部地带主要粮棉生产基地,也是果树生产地带,在低山丘陵及平缓地带适于杨树栽培和生长。

(二)基本性状

褐土主要发育于含石灰的母质上,石灰的淋溶与淀积对褐土的形成起到重要作用,其石灰淋溶、淀积可划分为3种形式:一为钙积型,表层石灰显著下淋,钙积作用明显;二为淋溶——钙积型,表层与黏化层已无石灰,土壤呈中性至微碱性,钙积层明显;三为淋溶型,在1米土层内无钙积层,盐基呈饱和状态。褐土的腐殖质较薄,黏化层明显,剖面上部呈中性反应,下部呈碱性反应。褐土剖面中各发生层性质不同,表层有机质与氮素含量较高,在黏化层中则明显降低,钙积层富有石灰,有固氮作用,土壤质地较重,但不过黏,保肥保水性能良好,呈中性反应,有利于改土培肥。

(三)耕作特性

褐土耕作后即变为黄垆土(即耕作褐土)和潮褐土(即草甸褐土)。黄垆土土壤熟化程度较高,耕层厚15~25厘米,土质疏松,有机质在1.0%以下,耕层以下为犁底层,再往下为心土层。心土层紧实而黏重,全剖面pH值7.5~8.5,一般土层深厚,排水良好,耕性好。潮褐土,土壤耕种历史悠久,肥力较高,耕层深厚,有机质含量高于1%,全氮量高于0.05%,钾丰富,土壤质地上轻下重,耕层多为粉土或粉壤土,底层多为黏壤土或粉黏壤土,保水肥性能好。耕作褐土和草甸褐土都适于杨树栽培。

十、沙姜黑土

(一)分布地域

沙姜黑土主要分布在河南省的黄淮平原的河间洼地、湖坡洼地、山前交接洼地和岗间洼地等地貌单元,集中在周口、驻马店、南阳等地,许昌、平顶山、商丘亦有分布。在山东省胶莱平原沂沭平原亦有分布。

(二)形态特征

沙姜黑土,一般来说,上层是一个腐泥黑土层,颜色深暗,土质黏重紧密。通气透水性差,孔隙率小于10%,有效水分少,易旱易涝,湿时泥泞,干时坚硬、裂缝。黑土层以下是一个杂色的沙姜层,沙姜多的可形成坚硬的沙姜盘。再以下是一个带有灰蓝色的灰白色潜育层,土层黏重透水性差,土质多为黏壤土至黏土。沙姜黑土经过耕作之后,黑土层上部颜色变浅,在耕作影响下逐步分化成耕作层、草底层和残余黑土层。耕作层冬季经冰冻变成有棱角的碎屑状结构,残余黑土层成为带棱柱状结构,干旱时易裂成大缝,具有明显的变性土特征。沙姜按形态可分为石沙姜、刚沙姜和沙姜盘。石沙姜出现在 70 厘米左右处,刚沙姜出现在 1 米左右处,沙姜盘则出现在 3 米上下处。其形态与地下水位和水质关系密切。3 种沙姜形态不一定同时存在,只有刚沙姜较多普遍出现。沙姜年龄随深度而增加。沙姜层土体具有脱潜育特性,表现为黄色氧化部分增加,灰色还原部分减少。

(三)理化特性

沙姜黑土土壤全量养分含量较高,但速效养分含量较低,土壤养分平均含量为:有机质 1%左右,全氮 0.117%,全磷 0.057%,全钾 1.651%,速效磷 3.9 毫克/千克,速效钾 130.5 毫克/千克,微量元素铁、铜、锰较丰富,缺乏钼、锌、硼。土壤呈中性至微碱性反应,pH 值 6.5～8.0。

(四)沙姜黑土亚类

沙姜黑土可分为 3 个亚类。

1. 沙姜黑土亚类　其分布最广,占沙姜黑土总面积的 95%以上。

按其主要特征的差异程度可分为:

(1)岗黑土　多分布于地势较高的平岗;

(2)湖黑土　即湖地沙姜土,多分布于低平原洼地中心;

(3)黄黑土　分布于低平原洼地的边缘,地势略高于湖黑土;

(4)白黑土　又称青白土,常与黄黑土交错分布;

(5)淤黑土　系覆盖黄泛物质的沙姜黑土,常与黄黑土相邻;

(6)沙姜土　分布零星。

2. 盐化沙姜黑土亚类　主要分布在苏北和鲁北邻近滨海平原地带,面积不大,旱季有盐霜,地下水矿化度高,为氯化物钠钙型,盐分组成以氯化钠为主,少有硫酸钠,盐分含量为 0.15%～0.50%。

3. 碱化沙姜黑土　在山东高密县一带有分布,地面有灰白色碱化表土层,向黑土层过渡明显,地下水矿化度高于普通沙姜黑土亚类,低于盐化沙姜黑土。含有碳酸钠和重碳酸钠,碱化表层质地较轻,多为粉土,碱化度 20%左右,pH 值 9 以上。

十一、墣　土

（一）分布地域

主要分布于渭河两岸的各阶地和黄土台塬上,是人类长期耕种熟化的一种农业土壤,是经过墣化作用形成具有深厚的熟化层的墣土剖面。墣土分布于暖温带的南部,在Ⅷ栽培区呈东西长,南北狭的带状分布。

（二）形态特征

墣土剖面构造可分成两大层段,上层为堆积覆盖层,一般厚 50 厘米左右,颜色灰棕,团粒、团块状结构,质地中墣至重墣。堆积覆盖层由上而下可分为耕层、犁底层和老耕层。耕层的成土年龄最小,受耕种影响最大,厚度随耕种年份的增大而增厚,呈疏松的粒状结构。犁底层较紧实,黏重致密,厚 10 厘米左右,其下的老耕层,孔洞多而疏松,常见有炭渣、瓦片等,有石灰淀积。下层为较灰暗的腐殖质埋藏层,是原来土壤的腐殖质层经耕种而成。

（三）物理性质

土壤质地在Ⅷ栽培区的关中西部质地较黏,东部较粗,关中西部耕性较差,适耕期短,俗称"紧三晌",东部耕性较好。墣土是一种肥力较高的土壤,墣土的"黄盖垆"的剖面构造,使墣土整个土层的透水、蓄水和保墒抗旱性能都较强,上层疏松通气,有机质易于矿化,下层含有较多腐殖质,保肥力强,土壤石灰含量丰富,有利于土壤团聚。

（四）化学性质

塿土剖面中腐殖质层深厚，在一个剖面中往往出现上下两个腐殖质层，构成了塿土的特殊腐殖质剖面。塿土中富含石灰，与钙结合的腐殖质比与铁、铝结合的腐殖质多 4~10 倍，塿土剖面上部石灰含量很高，由于石灰下游作用，在土壤表层有石灰积累，使原石灰淋失层逐渐变为石灰淀积层。塿土的耕层含碳酸钙 6.2%~9.1%，代换量为 14.05 毫克当量/100 克土，腐殖质含量 1.0%~1.5%，全磷含量 0.14%~0.25%，全钾 1.8%~2.1%，全氮 0.07%~0.1%，pH 值 7.4~8.0。

（五）土壤类型

在Ⅷ栽培区内，可见 4 种塿土类型。

1. 立茬塿土 分布于近山的河谷阶地，剖面层次明显，底土呈淡黄棕色，土质黏重，性硬耕作不良；

2. 油塿土 是关中最肥沃的土壤，分布于关中西部二级阶地以上，有灌溉条件，施肥较多，熟化层深厚，腐殖质层厚，疏松多孔，结构良好；

3. 垆塿土 下伏石灰性褐土，主要分布于关中东部温暖而干旱地区，地块破碎，侵蚀强烈，耕作粗放；

4. 黑鸡塿土 下伏草甸褐土，主要分布于一级阶地和塬上洼地，灌溉堆积明显，腐殖质含量较高，耕性良好，肥力较高。

综上所述，归纳起来，我国中温带和暖温带的半湿润区的杨树栽培地区，实为东北大平原、华北大平原和渭河流域（关中平原）三大地域，这三大地域就是我国传统的重要的农业生产经营地区，虽然自然条件都很优越，是杨树栽培的适宜地区，但从社会经济方面考虑分析，这一地区实为农业和工业等社会经济发达地区，是我国经济建设方面的核心区域，杨树栽培只能是为工农业服务的平原林业性质。

第二章 杨树林的历史作用

在我国半湿润的中温带和暖温带地区,地处东北大平原和华北大平原以及渭河流域的汉中平原区,从自然条件和固有的社会经济地位出发,杨树林的经济地位必然是以防护为主导的防护兼用材的双重作用。杨树栽培的基本林种主要有农田防护林、人工用材林、防护固沙林、四旁绿化和城市绿化风景林等。

第一节 农田防护林

一、历史上恶劣的生态环境导致农田防护林的兴起

(一)东北大平原

地处黑龙江、吉林、辽宁三省的东北大平原,是我国三北防护林的重要组成部分。在 20 世纪 50 年代以前,由于大气环流作用和人为活动的影响,森林过伐,草原过度开垦,植被遭到严重破坏,导致生态环境恶化,加剧了自然灾害的发生,直接影响着农牧业生产的发展和人们的生活和生存。其中主要灾害有风沙危害、气候干旱和水土流失严重。

据气象资料统计,1950 年以前春耕季节 8 级以上大风,年平均达 24~35 天,最多可达 98 天,大风时间多集中在农耕时期的 4、5 月份,经常风沙弥漫,农田跑土、跑墒、绝种、跑肥,毁种现象严

重。禾苗出土后，又因风吹沙打，影响全苗，夏季多暴风雨，造成农作物倒伏；秋季作物成熟时，大风又会撸掉籽粒，导致粮食减产减收。在东北平原，属中温带大陆性季风气候区，受蒙古气候和太平洋高压交替影响，春季干旱、风大，夏季湿、热、多雨，秋季低温、早霜，冬季干冷、少雪。全年降水量少、蒸发量大，蒸发量大于降水量近 10 倍，尤其是在春季气温开始升高时，大风频繁出现，从而加速了水分的蒸发，更加促进了大气和土壤的干旱。同时，由于植被稀少，水土流失极为严重，据统计，在 20 世纪 50～60 年代，水土流失面积达总面积的 70％以上，年流失表土 4～7 毫米，土壤肥力明显减退。

(二)华北大平原

华北大平原地处河北、河南、山东三省和北京、天津两个直辖市，属暖温带大陆性季风气候区，亦具有春季干旱多风，夏季炎热多雨，冬季寒冷干燥的特点。自古以来，由于森林不断遭受破坏，使河流由清变浊，湖泊洼淀被淤平，更由于黄河多次决口和改道，造成大面积盐碱地和沙荒地，直至 20 世纪 50 年代前后，水土流失仍然非常严重，雨涝、干旱、干热、风沙、暴雨，雪、霜等气象灾害频繁发生，其中以干旱、干热风、暴雨、冰雹等灾害尤为严重，加之土壤瘠薄和盐碱、风蚀等危害，成为农业发展的限制因素。

(三)关中平原

关中平原的地质构造属渭河地堑带，是老黄土和现代冲积物经长期冲刷与沉积、切割和平夷形成的河漫滩、河流阶地、黄土台塬和山前洪积扇，在森林遭受破坏之后，使水土大量流失，渭河由清变浊，河水时而暴涨，泛滥成灾，时而枯竭少水，土地干裂，生态失去平衡，农业生产和人民生活不能保证。

无论是东北大平原还是华北大平原、关中平原，从 20 世纪 50 年代开始，由于人民政府发动大规模治沙造林，营造农田防护林带,使得平原生态逐步得到改善。

二、农田防护林的栽培发展历史

(一)东北大平原

在东北平原,防护林体系建设,大致可分为以下 4 个阶段。

第一阶段,在 1950 年以前,是农民自发营造林带时期,农民沿着耕地边界采用旱柳、杨树和榆树等营造 1~2 行窄林带,借以堵住风口。由于农民自发经营,林带分布零散不规整,规模小,林带窄,结构不合理,防护作用不明显,是个体农业经济的产物。

第二阶段,是 1950 年至 20 世纪 60 年代末期,是党和国家有组织、有计划、大规模设计营造农田防护林时期。1950 年 2 月至 8 月,原东北人民政府农业部林业局会同东北各省(区),规划设计南起辽宁省新民县的白旗堡,北到黑龙江省泰来县的江桥,在辽、吉、黑三省及内蒙古自治区东部,设计建设数十千米长的基干林带和主、副林带,在此期间,防护林建设规模巨大,动员群众广泛,笔者有幸在 1952 年与后来成为中央林业部副部长的董智勇同志在吉林省扶榆县参加了防护林营造工作。

第三阶段,从 20 世纪 70 年代开始,国家将农田防护林建设纳入农业总体规划阶段,实现山、水、林、田综合治理的农、林、渠路、机电统一规划。随着农业的发展,也随着农田基本建设规模的扩大和提高,很多地区把农田林网的设计与营造,作为农业基本建设的重要组成部分,做到农田林网、道路林网、渠系林网的"三网"合一,形成田成方、路成网、渠成系、旱能灌、涝能排的大规模、科学布局的农田林网体系。

第四阶段,是从 1978 年开始,建立"三北"防护林体系阶段。为达到全面改造自然、改造生态环境,提高防护林总体效益,从 1978 年开始建立西北、华北、东北的"三北"防护林体系,为使"三北"风沙干旱地区恢复和保持生态平衡,根本改造自然条件和经济面貌,充分发挥林业对国民经济和人民生活水平的良好作用,1979年国家批准在"三北"地区建设"万里绿色长城"。这条防护林绿色长城,从新疆起,到黑龙江止,横跨11个省(自治区)。辽、吉、黑三省则是其中的重点省。

(二)华北大平原

华北大平原的农田防护林,则是在与风沙等自然灾害作斗争的过程中发展和完善起来的。起初,农民为了保护庄稼免遭风沙之害,在地边成行状压柳墩和压杨墩,即所谓植柳、植杨的小型单行农田林带。这可称之为初始阶段。

至1949年,河北省在冀西三大荒地和永定河下游风沙地营造大面积防风固沙林网,收到了变沙地为良田的良好效果。河南省,亦在同期开始营造豫东防护林带,至1959年,在黄河故道营造了5条总长520千米的骨干防护林。在山东省亦在各县大面积营造农田防护林,借以阻挡风沙侵蚀,保护农田。

20世纪60年代中期,冀豫鲁三省,开展大规模的农田基本建设,规划方田、修渠筑路,并在堤岸路侧渠道两旁营造林带和绿化村庄,逐步形成以村庄绿化为中心,农田林网为骨架,网、带、片相结合的综合防护林体系,从而改变了气候,改善了生态环境,保护了农田和农业生产,使华北大平原成为农业生产可靠基地,同时亦成为地方用材的生产基地。

1980年以来,随着改革开放平原农业及各项社会经济大发展的同时,华北平原农田防护林及各项林业建设项目得到了更加长足的发展。

(三)关中平原

地属陕西省的渭河流域的关中平原,在陕西省全省建设农田防护林的同时,20世纪60年代中期,在渭南县和合阳县首先营造农田防护林，至 1978 年，在大荔、渭南、临潼、眉县、宝鸡、凤翔、礼泉等县全面建立了农田防护林。

通过数十年，尤其是近 30 年的努力，广大平原农区的农田防护林建设都卓有成效，无论对农田小气候的改善，还是对农田土壤的改良和灾害性天气的改善都取得了明显的成就。农田防护林不仅可以改善农田生态环境，保障农业稳产高产，而且可以提供木材和其他林副产品，调整林业生产布局，缓解木材供需矛盾，增加农民经济收入，其发展前景很广阔。

三、杨树在农田防护林建设中的作用

在防护林中，采用的树种是多种多样的，无论是在东北大平原、华北大平原还是关中平原，可选性的树种很多，但由于杨树栽培方法简易，易于成活，速生、成林年限短，建成的防护林在短期内就能起到防护作用的特点，所以很自然地成为防护林中的主栽品种。在整个防护林发展建设过程中，随着杨树科学技术的进步，采用的杨树品种也有着明显的变化。

（一）东北大平原

在防护林初建阶段，地处东北大平原的黑、吉、辽三省，采用的杨树品种主要是小叶杨、小青杨、中东杨、加拿大杨、青杨。此后，又出现箭杆杨，钻天杨、新疆杨、大青杨。

到 20 世纪 60 年代和 70 年代及以后若干年中，三省采用的杨树品种有所不同。黑龙江省采用的品种主要有迎春 5 号杨、黑小杨、黑林杨、富锦杨、小黑杨、北京杨、哈青杨、中绥杨、中黑防杨、银中杨、银山杨、黑林钻天杨，黑林塔形杨、黑林 B 6 杨等，吉林省采用的品种主要有白城杨、白林杨、群众杨、钻天杨、黑小杨、小黑杨、新疆杨、双阳快杨，辽宁省采用的品种有小黑杨、黑小杨、赤峰杨、白城杨、中绥杨、中荷 64 号杨、健杨、群众杨、北京杨、新疆杨等。

(二)华北大平原

在华北大平原,防护林初建阶段,在河北省主要采用的品种有毛白杨、加杨、箭杆杨和小叶杨等,河南省采用的品种主要有毛白杨、沙兰杨、I-214杨、箭杆杨、钻天杨、大官杨和加杨等。山东省采用品种主要有毛白杨、健杨、沙兰杨、I-214杨、欧美杨158和八里庄杨。此后,在20世纪70年代,冀、豫、鲁三省采用的品种有所变化,河北省主要采用毛白杨,其次有中林46号杨、沙兰杨、I-214杨、群众杨、加杨、廊坊杨等,河南省主要采用的品种有沙兰杨、I-214杨、中林46号杨、加杨,山东省主要采用的品种有沙兰杨、I-214杨、健杨、波兰15号杨、毛白杨、I-107杨等。

(三)关中平原

在渭河流域的关中平原,初期采用的品种主要有箭杆杨、秦岭小叶杨、小叶杨、新疆杨、毛白杨,后期主要有沙兰杨、I-214杨、陕林杨、84K杨等。

综上可知,农田防护林所采用的杨树品种,在不同时期有所变化,从原生树种小叶杨、青杨、小青杨开始逐渐进步到由我国杨树专家培育的品质优良的新品种和从国外引进的新品种,对农田防护林的建设起到了极其良好的作用。同时,也体现出我国杨树栽培品种的中国特征。从地理位置上来看,南北之间从北纬35°至53°,跨越18个纬度,在这广阔的地区中,气候从接近寒温带的中温带到近于北亚热带的暖温带,气候条件的差异,体现出选用杨树品种的差异。从黑龙江省的青杨、黑杨类品种,到河南、山东省的美洲黑杨、欧美杨品种,真实地体现了我国杨树品种分布的基本特点。同时也应指出,能够采用如此众多的杨树品种,我国的杨树培育专家真是功不可没,尤其值得称赞的应当是徐纬英、黄东森、刘培林、金志明、鹿学程、沈清越诸教授。

第二节　杨树人工林

在温带半湿润区的各省的平原农区，杨树人工林的栽培历史各有异同，其发展历程，都与自然条件、社会经济，尤其是行政部门的政策走向密切相关。现分省加以阐述。

一、黑龙江省

在明清时代的黑龙江省，大体可划分为森林区和草原区两大部分，森林区包括大兴安岭、小兴安岭、张广才岭、老爷岭、完达山岭及其邻近的河谷地带。松嫩平原、三江平原绝大部分是草原区。在历史上，森林大部属于天然林的自然面貌，人工林很少。

清代末期和民国初期，沙俄和日本对我国进行全面掠夺，加速了黑龙江森林的破坏，天然林资源遭受严重砍伐，根本谈不上人工林的营造。新中国成立以后，黑龙江省开始营造人工林，至1986年统计，全省有人工林162.8万公顷，其中杨树人工林有31.0万公顷，约占全省人工林面积的19.1%，是全省阔叶林人工林32.6万公顷的95.09%。蓄积量702.5万米³，占全省人工林的8.1%，占全省阔叶林人工林的91.50%，从这些数据可以看出，在人工林中，杨树占有重要的地位。

从20世纪70年代以后，在一些杨树育种专家和栽培专家的努力下，在一些平原地区的县、市领导的重视和林场的经营下，杨树人工林得到长足的发展，到2000年全省平原区已有杨树人工林近50万公顷。

在黑龙江省，本省杨树科技工作者培育、引种杨树的新品种较多，从20世纪70年代开始，直至20世纪末和21世纪初，适宜栽培的品种多达30余种，按照刘培林教授的研究，在松嫩平原适宜栽培的品种有小黑杨 14 号、黑林 1 号杨、黑林 3 号杨、北京杨 3 号、青山杨、欧美杨 DN 113 号、哈青杨、富林杨、中黑防 1 号杨、中黑防 2 号杨、中绥 4 号杨、中绥 12 号杨、美青杨 1344 号以及山杨 024 号、大青杨、香杨;在三江平原适宜栽培品种有迎春 5 号杨、美黑 3 号杨、黑小 2 号杨、黑林 2 号杨、农垦 1 号、2 号、3 号杨、北京杨 605 号、富锦 1 号杨、中牡 1 号杨;适于城乡绿化的品种有黑林钻天杨、黑林塔形杨、银中杨、黑林 B 6 杨、小黑 A 118 号杨等。

在黑龙江省境内的松嫩平原、三江平原杨树人工林品种繁多,分布广泛。

二、吉 林 省

吉林省的杨树林在起源上与黑龙江省相同之处,亦可分为天然次生林和人工林两大类。天然次生林在省的东、西部都有分布,主要有山杨、大青杨、香杨;杨树人工林则主要分布于省的西部地区,有原生的乡土树种小叶杨和小青杨。

在 1950—1960 年期间,吉林省有计划地进行大规模造林,主要造林树种是小叶杨和小青杨。据 1980 年统计,全省有杨树人工林 24.96 万公顷,蓄积量 661.37 万米³,分别占当时全省人工林总面积和总蓄积量的 34.3% 和 3.06%。至 2000 年,据不完全统计,全省杨树人工林面积已达 45 万公顷。

杨树人工林的栽培,历史上都经历了品种选择从选用原生品种到采用优良无性系,经营管理从粗放经营到集约栽培的过程。

起初,由于没有优良品种可供选择,很自然地采用本地的土生土长的原生品种,在经营方式上没有成熟的科技经验可以借鉴,只能用本地的传统的粗放的土办法。1949 年以前,在吉林省除大、中城市的街道和庭园外,很少种植杨树,只有在长春、吉林、四平等城市种植小叶杨和小青杨,种植方法比较粗放,栽上能成活就行,更无所谓能够成林与否的设想与规划。种植方法很多都是采用从大树上砍下的侧枝直接埋入土中,任其生根发芽成长,很少专门育苗和用苗木造林。

在 20 世纪 50、60 年代吉林省用小叶杨和小青杨在沙丘、沙地、轻盐碱地、岗地和丘陵坡地营造用材林,杨树人工林面积达到 13 万公顷,但由于造林方式粗放,保存率较低,保存面积只有 7 万公顷左右,在当时的条件下,已经是很不错的了。

20 世纪 60 年代初,吉林省开始引进小黑杨、小青黑杨、健杨、晚花杨、莱比锡杨、格里卡杨等 50 多种杨树杂交无性系,进行引种试验,试验结果说明健杨与欧美杨类品种不适宜在吉林省生长而淘汰。同时期,在本省白城市选出天然杂种白城杨和白林杨,至 1972 年秋又选出白城小黑杨、白城小青黑杨和白城 2 号杨(俗称为两黑一白)等 3 个适宜于吉林省的优良无性系,从而拉开了省内大面积栽培杨树新品种的序幕。与此同时,亦开始研究集约栽培的选林方法,但仍处于初期阶段,技术还不够完善。尽管如此,在 20 世纪 70 年代,全省已营造杨树用材林 13 万公顷,木材产量达 100 万米^3 以上。

至 20 世纪 80 年代,总结栽培经验,进一步肯定“二黑一白”的适生性能,在省内推广应用,尤其在中、西部地区的草甸土、潮土、沙潮土生长良好,通过精细耕作,实施集约栽培。1980 年代以后,杨树用材林栽培进入了自觉地集约栽培时期,营造了大面积的速生丰产林,林龄 10 年左右,年平均每公顷蓄积量达到 15 米^3 左右。同时,又陆续引进群众杨、赤峰 34 号杨、中绥 4 号杨、中黑防杨、银中杨等,生长亦良好。但在此期间,一些商家采取长期贷款租地造林,企图取得更大的利润,引进了未经试验的美洲黑杨和欧美杨品种,有的生长不及“二黑一白”,有的病虫害感染严重而遭淘汰。

在吉林省境内的松辽平原及低丘陵区,杨树人工林分布范围广泛,收到了良好的经济效益和起到了改善生态环境的作用。

三、辽宁省

辽宁省的人工林,栽培历史悠久,培育树种繁多。在 300 年前,人们在寺庙和坟地周围就用树木种子或野生树苗进行小面积造林,但多以落叶松、油松、红松、榛子松、赤松、萌芽松、沙松、侧柏等针叶树为主,至今仍能见到 200 多年生的油松人工林和 70 多年生的落叶松人工林。阔叶树造林树种亦很繁多,有杨树、刺槐、柳、榆、核桃楸、黄波罗、椴等。杨树造林主要分布在辽西、朝阳、阜新、锦州一带。杨树品种主要是小叶杨、小青杨和青杨。

尽管如此,杨树仍然是辽宁省的主要造林树种之一,据 1975年森林资源统计,全省杨树人工林面积已达 3.3 万公顷,树种亦由小叶杨、小青杨和青杨等乡土树种逐步发展到选用引进的优良无性系新品种。杨树用材林分布亦遍布辽河平原区,西辽河沙地草甸草原区,辽西黄土低丘陵、台地及草原区,辽东半岛丘陵区等。采用的品种主要有加杨、小黑杨、赤峰 34 号杨、北京杨 0567、盖县3 号杨以及本地选优品种锦新杨、章杂杨、铁选 1 号杨、北矿 1 号杨、付杂 2 号杨、鞍杂杨、草杂 1 号杨、大青皮杨和大台杨。同时,亦选用了欧美杨类的沙兰杨、健杨、晚花杨。但经试种的考验,上述一些本地选优的杨树和欧美杨类品种,都逐步遭到淘汰。

辽宁省有一所在全国独一无二的研究所,即辽宁省杨树研究所,该所为辽宁省杨树的发展做出很多贡献,也培育成功不少适宜辽宁栽培的杨树新品种,如辽育 1 号杨、辽育 2 号杨、辽宁杨、辽河杨、盖县杨。

从 21 世纪开始,辽宁省杨树用材林和防护林所采用的杨树品种,在中温带地区,主要有小黑杨、黑小杨、赤峰杨、中绥 4 号杨、中绥 12 号杨、中黑防 1 号杨、中黑防 2 号杨、银中杨。在辽东半岛的暖温带地区,主要有中荷 64 号杨、中绥 4 号杨、创新 1 号杨、辽育 1 号杨、辽育 2 号杨等。

辽宁省除辽东半岛之外,多属于松辽平原栽培区,杨树人工林采用的杨树品种比吉林省的丰富得多,人工林丰产水平亦较高。

四、河北省

河北省的平原,在历史时期的七八千年前就有了原始农业。原分布的落叶阔叶林,由于耕地的发展而累遭破坏直至毁灭。但河北平原造林历史悠久,在漫长的历史时期时兴时落,栽培的落叶阔叶树种多为"杨、柳、榆、槐、椿"。杨指毛白杨、小叶杨、青杨和小青杨。在河北省,长城内外常作为落叶阔叶树分布的界限,这是由于长城以外海拔较高、纬度较高、温度降低所致。自古以来,在河北平原和低山沟谷,除盐碱地外都有毛白杨分布和栽培,而且在太行山山南段的低山沟谷中有天然更新的毛白杨根蘖林,且树干通直,生长良好、病虫害少。但到长城以北,毛白杨就很少见,主要分布有青杨、小叶杨、小青杨。

在太行山山系北段海拔 600~1 100 米范围的沟谷和阶地,分布有青杨、香杨、山杨、河北杨以及毛白杨天然次生林。

在华北大平原,其中包括河北大平原,属半湿润暖温带气候区,是我国杨树生长最优越的地区之一,乡土树种毛白杨栽培与生长、利用,经受了自唐朝以来的考验成为我国独特的优良品种。除此之外在近 30 年来,亦从国内外引进很多杨树品种,其中成功与失败兼有。

加拿大杨已有近百年的栽培历史,至今仍可见到成片、成行的人工林和行道树林,80 多年生的健壮树木经常可见。20 世纪 60~70 年代曾引进沙兰杨、I-214 杨。在 20 世纪 80 年代以前曾作为生长迅速、少有病虫害、适生性能强而被推崇。中林 46 杨于

20世纪80年代开始栽培,用以营造用材林和防护林曾盛行于20世纪80～90年代,进入21世纪至今仍然享誉华北平原。廊坊杨、山海关杨虽然兴盛过一时,但栽培范围较窄。21世纪初期兴起的欧美杨107、108,北抗杨、创新1号杨因速生而得到推广,但在很多地区感染树干溃疡病、腐烂病较盛。

河北省属海河平原及渤海沿岸杨树栽培区,是我国杨树人工林主要栽培分布区域,体现出栽培品种繁多、速生、丰产水平较高的特点。

五、河 南 省

河南省地处黄河中下游,向有中原之称。古代的河南是一个多林省份,且树种丰富。森林消失的原因主要是人为因素,如农田扩大、战争破坏、工业用材增加等。森林遭受破坏的过程,大体是先平原,后山区,与农业由平原向山区逐步发展的规律相符。夏、商、周三代王都,春秋时诸侯大国多位于河南省的北中部,汉、魏、唐、宋建都于中部。纵观历史,河南森林破坏后果严重,促使天然林由北向南逐步消失。因此,不仅缺乏木材燃料,而且生态平衡失调,水土流失加重,风沙危害与水旱灾害日趋严重。东部平原由于黄河多次决口和改道,在辽阔的豫东平原上留下了20多万公顷盐碱沙荒的农业低产区,种不保收。

1949年以后,人民政府把林业作为一项重要事业纳入国家建设规划。从20世纪50年代营造豫东防护林开始,发展到大规模植树造林,绿化中原大地的成绩比较显著。据1980年全省森林资源统计,全省森林面积110.1万公顷,其中人工林29.9万公顷,保存"四旁"树木10.3亿棵,天然次生林80.2万公顷。在平原地区造林工程中,种植的杨树有毛白杨、大官杨、沙兰杨、I-214杨。21世纪又引进了107杨、中荷1号杨等。

河南省焦作市林科所在推广北抗杨、南抗杨、创新杨、中林46号杨等杨树品种方面卓有成效,赵自成先生为此做出了贡献。

应当指出的是河南省对兰考泡桐栽培有着传统习惯和成功经验,在平原区一直优于杨树,因而杨树的种植受到一定的限制。

河南省是黄淮平原杨树栽培区的主要组成部分,无论是气候条件、还是土壤等条件诸多方面,都是杨树人工林最佳栽培区,而且适用的杨树品种亦较丰富,一向被杨树研究工作者所重视。

六、山 东 省

在20世纪30年代,我国古生物学工作者对山东省生物化石进行了大量科学研究工作,1949年在山东省中部临朐县山旺村发现古生物化石,种类近200多种,被誉为化石宝库的"万卷书"。山旺化石的发现和研究,成了山东省地史时期森林群落结构及植物组成的依据。根据山旺化石的发掘和鉴定,远在1 200万年前,在山东省山旺地区的古生物群中,主要是被子植物,兼以双子叶植物最占优势,其中就存在有杨属(populus)树木。

山东省由于人类活动历史悠久,对森林破坏和干扰十分严重,原始森林早已消失。全省所有森林,全部都是次生林和人工林,在人工林中杨树用材林在全省占有重要地位。

山东省天然分布的杨树有毛白杨、山杨、小叶杨、青杨。曾经引进的外来种有银白杨、新疆杨、欧洲黑杨、美洲黑杨。

20世纪70~80年代,山东省栽培的杨树人工林主要有毛白杨林、加拿大杨林、Ⅰ-214杨林、沙兰杨林、Ⅰ-72/58杨林、Ⅰ-69/55杨林、德158杨林、健杨林、八里庄杨林等。

毛白杨栽培地区主要在菏泽、聊城、洛宁、泰安等市、县,按立地条件划分,有黄淮粉沙壤土毛白杨林、河漫滩壤土毛白杨林、黄河淤积滩地毛白杨林。加拿大杨、Ⅰ-72/58杨、Ⅰ-69/55杨、沙兰杨、Ⅰ-214 杨、健杨栽培地区主要在汶河、沂河、沭河、潍河、胶莱河、大沽河等河流及其支流的两岸。八里庄杨主要栽植于泰安、宁阳、平邑、费县等地。

1996 年 8 月省林业厅组织了省林科所、省林木种苗站及 12 个市（地）林业局参加的"省内现有杨树品种选择应用"协作组，开展省内现有杨树品种筛选工作，筛选出可推广应用的杨树品种有：Ⅰ-69/55 杨、Ⅰ-72/58 杨、55 号杨、中林 46 号杨、中林 23 号杨、中林 28 号杨、露伊莎杨、易县毛白杨、鲁毛 50 号杨、毛白杨 39 号、窄冠白杨 3 号、5 号、6 号等。2011 年又通过鉴定选出 9 个新品种，即欧美杨 L-35、L-102、Ⅰ-107、美洲黑杨 Ⅰ-26、T-66、L-324、L-323、L-802、中荷 1 号杨。2004 年以后，又引进南抗杨、84K 杨、廊坊杨 1、2、3 号、中绥 12 号杨、中林 2000 年系列杨。众多的杨树优良品种，造就了山东省杨树丰产林建设的长足发展。

七、渭河流域

渭河流域为陕西省所属，是陕西省杨树人工林栽培重要分布区域，在历史上就有栽培杨树人工林的习惯，尤其在 1949 年以后，随着"四旁"绿化，农田防护林网的发展，杨树人工林亦随之得到较大规模地发展，既起到防风固沙，保持水土、调节气候、保障农业生产的生态作用，亦生产了大量杨树木材，支援了工农业生产。

20 世纪 50 年代营造的杨树人工林主要是小叶杨、毛白杨和箭杆杨，20 世纪 60 年代之后有沙兰杨、波兰 15 号杨、健杨、加拿大杨，如今则以陕林 3 号杨、陕林 4 号杨、84K 杨、中林 46 号杨为主。杨树人工林在陕西省农林科学院杨树专家、教授的指导下，经营水平不断提高，杨树丰产林比重有所提升。

第三章　青杨派杨树林

生长在我国的原生种青杨的种类较多,适生于中温带半湿润区的青杨原生种有大青杨、香杨、中东杨、哈青杨、小叶杨、小青杨和青杨等。

第一节　大青杨和香杨

一、地理分布

大青杨($Populus\ ussuriensis$ kom)和香杨($P.\ koreana$ Rehd)属青杨派原生种,主要分布在亚洲东北部的俄罗斯的远东地区、朝鲜北部、日本北海道等地区。我国东北地区的小兴安岭、长白山林区和辽宁北部山区亦有少量分布,约在北纬 42°～16°,东经 126°～132°之间,垂直分布在海拔 400～1 100 米的低山丘陵,上限分布大青杨高于香杨。

近代营造的大青杨和香杨人工林用材林,主要分布在黑龙江省东部和吉林省东部的丘陵山地。

二、形态特征

大青杨和香杨的形态特征相近,为便于区别,特做如下介绍。

大青杨:落叶乔木,树高可达 33 米,胸径可达 1～2 米,树干通直,树冠圆球形,树皮幼时灰绿色、光滑;壮龄呈浅灰色,老龄呈暗灰色,浅纵裂。芽无香味,色暗,有黏液,圆锥形长渐尖。幼枝有毛,灰绿稍红褐色,1年生枝红褐色,有柔毛,断面近方形。短枝上叶椭圆形或宽椭圆形,长6～10厘米,先端尖、短尖、扭曲,边缘细圆锯齿及密生缘毛,下面带绿白色,沿脉有毛,叶柄长0.5～4厘米,有毛,上面有沟槽。长枝叶较大,长14～18厘米,密生黄色毛。雌雄异株。果序轴有毛,蒴果轴有毛,蒴果无毛,长约7毫米,无柄或近无柄,3～4瓣裂。花期4月中旬至5月上旬,果期5月上旬至6月下旬。

香杨:落叶乔木,树高可达35米,胸径可达1.5米,树干通直,树冠半圆形。树皮幼时灰绿色,光滑,老龄暗灰色,深沟纵裂。芽大,卵形或长圆形。先端渐尖,栗色或浅红褐色,富黏性,具香气。幼枝浑圆,粗壮,黄褐色或灰褐色,幼梢无毛,具黏液,有香气。短枝上叶椭圆形或侧卵状椭圆形,长4～12厘米,表面有皱纹,基部广楔形或圆形,叶极短,长0.4～2厘米。长枝上叶倒状彼针形,椭圆形或长卵圆形,先端渐尖,少扭曲,基部圆形或近心形,上面暗绿色,有皱纹,下面光滑苍白色,有突起的微红色叶脉,长7～16厘米、宽3.5～8.5厘米。雌雄异株,蒴果卵圆形,无柄,2～4瓣裂。花期4月下旬至5月初,果期5月下旬。

三、生物学特性

大青杨和香杨都是耐寒冷、喜湿润、喜光树种,在生长发育过程中,需要温而湿润的气候条件,在高温干热条件下不适宜生长,在绝对最低气温-40℃的寒冷地区,不受冻害。

对立地条件要求较严,根本不能在长期积水的低洼湿地、沼泽地上生长,在贫瘠干燥的石质土、排水不良的重黏土上虽能生长,但生长不良,只有在肥沃湿润、排水通气良好的中厚沙壤土和森林壤土上生长迅速。

在黑龙江省东部地区,大青杨和香杨4月下旬根系开始活动,叶芽开始膨大,4月末至5月初叶芽开放,5月上旬开始生长,9月中旬停止生长,9月末落叶。在长白山地区稍早数日。在年降水量400~500毫米,≥10℃积温2 400℃~2 600℃气候条件下,年生长期为125~135天。

大青杨和香杨适宜的立地条件主要是:河滩平地厚层沙壤土,沟谷中厚层沙壤土,半阳坡、半阴坡及阴坡的中、厚层壤土。

四、生 长 规 律

(一)天然林生长规律

大青杨和香杨在天然林内,属于大乔木,干形通直圆满,树龄150年以上的大树,树高30~35米,胸径100厘米以上,单株材积可达10米³。其寿命长、耐心腐,素有"傻大个"之称。在小兴安岭,林龄18年香杨天然林,在沿河平地,胸径可达19.0厘米,树高18.0米,蓄积量250米³/公顷;在半阳坡的坡地,胸径15.0厘米,树高16.5米,蓄积量150米³/公顷。在长白山林区,海拔700米的河滩地,林龄40年的大青杨天然林,胸径可达30厘米,树高28米,蓄积量350米³/公顷;在海拔900米山中腹坡地,林龄50年,胸径35厘米,树高28米,蓄积量290米³/公顷。现将长白山林区一株大青杨单木生长过程列于表3-1,可作参考。

表3-1　大青杨天然林下单木生长过程表

树龄	胸径(cm)			树高(m)			材积量(m³)		
	总生长量	平均生长量	连年生长量	总生长量	平均生长量	连年生长量	总生长量	平均生长量	连年生长量
5	3.5	0.70		4.5	0.90		0.0039	0.0008	

续表 3-1

树龄	胸径(cm)			树高(m)			材积量(m³)		
	总生长量	平均生长量	连年生长量	总生长量	平均生长量	连年生长量	总生长量	平均生长量	连年生长量
10	9.4	0.94	1.18	11.1	1.11	1.32	0.0429	0.0043	0.0078
15	15.6	1.04	1.24	15.8	1.05	0.94	0.1652	0.0110	0.0245
20	21.3	1.07	1.14	19.5	0.98	0.75	0.3580	0.0179	0.0386
25	26.4	1.06	1.02	22.3	0.89	0.56	0.6286	0.0251	0.0541
30	30.1	1.00	0.74	24.5	0.80	0.44	0.8839	0.0295	0.0511
35	32.1	0.92	0.40	26.3	0.75	0.36	1.1233	0.0321	0.0479
40	33.4	0.84	0.26	27.1	0.67	0.16	1.2511	0.0313	0.0255
45	36.6	0.81	0.64	28.0	0.62	0.18	1.3747	0.0306	0.0247
50	38.3	0.77	0.34	28.5	0.57	0.10	1.5330	0.0307	0.0316

（摘自吉林科技出版社，吉林森林，第263页，1988.12）。

（二）人工林生长规律

在1978年出版的《中国主要树种造林技术》中，将大青杨和香杨列入我国210个主要造林树种之中，提倡在适宜地区营造大青杨和香杨人工用材林。黑龙江省牡丹江、宁安、东方红、海林、穆棱、鸡东、五常、尚志、宾县、方正、巴彦、铁力、伊春、萝北、鹤岗、汤原、佳木斯、依兰、勃利、林口、鸡西、桦南、桦川、绥滨、富锦、同江、抚远、双鸭山、虎林、饶河、北安等市、县和吉林省汪清、图们、敦化、安图、延吉、龙井、和龙、集安、通化、辽源、临江、抚松、靖宇一些林业造林机构断续营造了大青杨和香杨人工用材林，但数量较少，大多属于试验性。至20世纪末、21世纪初，黑龙江省林业科学研究所刘培林研究员对大青杨和香杨的生长习性、优树选择、杂交育种培育大青杨、香杨杂交新品种诸方面进行了广泛地研究和实践。从此曾有一段时期在黑龙江省松嫩平原和三江平原兴起大青杨和香杨的人工林栽培势头。至今用大青杨、香杨造林已有一定规模。表 3-2 是黑龙江省伊春地区的河滩地大青杨和香杨人工林生长进程表,立地条件属于中等水平,林下土壤为中层冲积性沙壤质土壤,适宜于大青杨和香杨生长,从表中数据可以做如下分析:

1. 大青杨和香杨生长水平相近似　在相同立地条件下,大青杨和香杨生长水平相近似,几乎不分伯仲。在杨树属的树种中,大青杨和香杨属于中等生长速度,但持续时间较长,从表中各年龄的胸径、树高、蓄积量生长数据亦可看出,至 20 年时,生长量仍然没有明显下降趋势。

2. 胸径生长过程规律　树龄 5 年以前生长缓慢,连年生长量在 0.8 厘米以下,至第六年生长速度开始加快,7～9 年为生长高峰,连年生长可达 1.3～1.4 厘米,11～15 年降至 1 厘米,16 年以后逐年下降为 0.6～0.9 厘米。

3. 树高生长过程规律　树龄 2 年以前生长较慢,至第三年生长加速,3～9 年连年生长量为 1.2～1.5 米,高峰期持续时间较长,第十年以后生长速度开始下降,在 0.8～0.9 米,18 年以后下降至 0.7～0.8 米(注:在表 3-2 中未专门列出连年生长量)。

4. 栽培指数随林龄的增长而有所提高　5 年的栽培指数为9,10 年为 15,15 年为 18,20 年为 21,说明大青杨、香杨人工林的质量在随林龄的增长有所提升。

5. 蓄积量趋于持续增长状态　至 20 年长势仍然不减,体现出大青杨和香杨生长可持续性较长的特点,这一点是任何杂交杨树品种所不及的。

第三章 青杨派杨树林

表3-2 大青杨、香杨人工用材林生长进程表

立地条件:河滩地,中层冲积沙壤土,海拔750m   立木株数:1 335 株/hm²

树 龄 (年)	大青杨			香 杨		
	胸径 (cm)	树高 (m)	林木蓄积 (m³/hm²)	胸径 (cm)	树高 (m)	林木蓄积 (m³/hm²)
1	1.41	2.80	0.4851	1.36	2.79	0.4505
2	1.68	3.20	0.7360	1.67	3.18	0.6080
3	2.10	3.76	1.2534	1.98	3.75	1.1127
4	3.97	4.98	2.9582	2.83	4.96	2.6792
5	4.20	6.50	7.0395	4.10	6.45	6.6731
6	5.41	7.72	13.1764	5.31	7.65	12.6110
7	6.81	9.25	23.8519	6.63	9.10	23.2524
8	8.21	10.55	38.9956	8.20	10.60	38.3866
9	9.56	12.03	57.6528	9.56	11.00	57.5379
10	10.80	13.46	75.6806	10.78	13.23	79.1505
11	18.01	14.30	104.7110	12.28	14.15	108.5241
12	13.11	15.20	131.2531	13.09	15.05	129.9912
13	14.16	16.15	161.1022	14.06	15.86	156.4322
14	16.12	17.06	218.6977	15.11	16.70	188.7066
15	16.08	17.96	227.3660	16.03	17.60	222.0776
16	17.06	18.80	266.1699	17.04	18.55	262.5041
17	17.91	19.70	305.1525	18.00	19.35	303.7777
18	18.81	20.55	348.7846	18.92	20.20	348.3756

续表 3-2

树　龄 （年）	大青杨			香　杨		
	胸径 （cm）	树高 （m）	林木蓄积 （m³/hm²）	胸径 （cm）	树高 （m）	林木蓄积 （m³/hm²）
19	19.62	21.20	396.7636	19.77	20.95	392.6659
20	20.23	21.90	428.7134	20.44	21.65	414.4789

第二节　中东杨和哈青杨

一、地理分布

中东杨（*P. x berolinensis* Dipp.）于 1870 年以前起源于德国柏林植物园，当时定名者认为是苦杨（*P. larifolia* Ledeb.）与钻天杨[*P. nigra* var. italica（Moench.）]的天然杂交种，雌、雄株都有。王战教授将其列为青杨派的天然杂种，定名为中东杨。20 世纪 50 年代从前苏联引进，在我国黑龙江省西部平原区、内蒙古东部赤峰地区以及新疆北部、宁夏都有分布。

哈青杨（*P. charbinensis* C. Wang et Skv.）原产于黑龙江省哈尔滨，是小叶杨与中东杨的天然杂交种，王战教授与俄罗斯斯克尔措夫共同命名，由于最早发现于哈尔滨，故定名为哈青杨，现主要分布于黑龙江省。

二、生物学特性

中东杨耐干旱、寒冷，在黑龙江省、吉林省的中温带半湿润区和这两省的西部半干旱区的干、寒地带能正常生长，是黑龙江省的乡土树种，但由于易感病虫危害，材质较软，常在树龄10年左右易遭风倒。

哈青杨耐寒、耐干旱，是黑龙江省及吉林省北部的乡土树种，具有抗冻裂抗烂皮病抗虫害能力强的特点，曾经作为优良树种被中央林业部定为三北防护林推广栽培。

三、生长特点

中东杨生长比较缓慢，虽然曾在黑龙江省黑河一带得到推广用于防护林，但由于易遭病虫害等缺点，当前已很少采用，只作为庄园观赏和农村散生四旁树而存留。作为一个种的资源，一些育种专家用于杂交育种材料进行科学研究之用。

哈青杨在青杨属中生长水平中等，据刘培林研究员记录，23年生哈青杨人工林胸径可达25.1厘米，树高达20.9米，蓄积量182.7米³/公顷。4～6年为生长高峰期，胸径年平均生长量1.09～2.1厘米，树高年平均生长量0.91～2.0米，是黑龙江省松嫩平原地区的推广树种。

第三节　小叶杨

一、地理分布

小叶杨(*P. simonii* Carr.)是我国杨树分布较广的树种，在不同地区又称为明杨、百达木、南京白杨、白杨柳、菜杨、山白杨等。在黑龙江、吉林、辽宁、河北、河南、山东、四川、湖北、江苏、甘肃、陕西、青海、宁夏、内蒙古等省（自治区）都有广阔的适应范围。

垂直分布最高可分布到海拔 3 000 米。在海拔 1 500 米以下、海拔 500～700 米甚至 400 米的山谷、河旁、沙荒、沙地、湿地和"四旁"土壤肥沃、湿润的地方都有分布。

二、生物学特性

(一)抗寒性能强

在年平均气温 3.2℃～17℃条件下都能适应生长,可适应极端最低温－41℃,极端最高温 43℃,但主要分布在年平均气温 10℃左右,1 月份平均气温－8℃～－2℃,7 月份平均气温 27℃～28℃,极端最低温－28℃,极端最高温 40℃。在年较差和日较差变幅较大的条件下生长良好,具有高度的抗寒性。

(二)耐旱性能突出

适生于年降水量 500～600 毫米地区,在年降水量 300～400 毫米的半干旱地区亦生长正常,在年降水变幅在 30% 以上、70% 以上的雨水集中在 6～9 月份,春季干旱,蒸发量大的地区,亦适应生长,生长期可达 200～240 天。

(三)对土壤要求不严

在沙壤土、轻壤土、黄土、冲积土、灰钙土上均能生长,在山沟、河边、阶地、墚峁上、丘陵坡地上都有分布。对土壤酸碱度适应幅度较大,在 pH 值 8 左右的土壤上能正常生长。能适应弱度至中度盐渍化土壤,在土壤中氯化钠含量在 0.2% 以下时能正常生长,雄株耐盐能力大于雌株。

(四)能耐干旱瘠薄

根系发达,在沙地上小叶杨实生幼林的主根深达 70 厘米以上,支根水平展开,须根密集。由插条长成的大树,主根不明显,侧根发达,向下伸展可达 1.7 米以上,因而能够耐干旱瘠薄,抗风和耐风蚀。

(五)生长比较迅速

在杨树中属于生长速度中等的树种,具有旺盛的萌芽力,易插条繁殖,也可插条或插干造林。

(六)低海拔高温度的地区生长不良

在低海拔地区小叶杨生长不良,往往呈灌木状,在降水量大、气温高的半湿润暖温带地区不宜栽种,在过于贫瘠干旱的地区,往往形成小乔木状的"小老树"。

三、生长过程

在Ⅰ、Ⅱ、Ⅲ、Ⅳ杨树栽培区的东北平原和华北平原,小叶杨多为人工林,大致有4种类型。

(一)丘陵浅山谷地区小叶杨人工林

分布在丘陵沟谷下部,土壤为褐土,质地为壤土,团粒型块状结构,pH值7.5左右。由于处于丘陵沟谷地带,一般土壤分布条件较好,在集约经营的条件下,小叶杨生长较好,15年林分平均胸径可达30厘米,树高可达19米,每公顷蓄积量可达525米^3。年平均生长量胸径可达2厘米,树高1.29米,每公顷蓄积量35米^3。在15年的生长过程中,胸径生长高峰期在第九年以后,而且延续时间较长,可一直延续到13年左右,蓄积量在15年内仍处于生长旺盛时期,说明小叶杨属于中等生长的特点,生长旺盛期延续时间较长。树高生长,年平均生长量始终处于平稳下降的趋势,体现出立地条件肥沃程度不够理想(表3-3)。

表3-3　丘陵浅山区谷地小叶杨人工林生长过程表

每公顷株数 825 株　　　　　　　单位:胸径为 cm,树高为 m,蓄积量为 m³/hm²

树龄	总生长量			平均生长量			连年生长量		
	胸　径	树　高	蓄积量	胸　径	树　高	蓄积量	胸　径	树　高	蓄积量
1	0.59	3.57	0.0594	0.59	3.57	0.0594			
2	1.48	5.43	0.4795	0.74	2.72	0.2398	0.89	1.86	0.4201
3	3.32	7.26	2.9352	1.11	2.42	0.9748	1.84	1.73	2.4557
4	5.69	9.33	15.3073	1.42	2.33	3.8326	2.27	2.07	12.3721
5	7.70	11.18	21.8079	1.54	2.23	4.3615	2.01	1.75	6.5006
6	10.38	12.36	42.9320	1.73	2.06	7.1553	3.68	1.18	15.0919
7	14.02	13.46	83.9050	2.00	1.92	11.9864	3.64	1.10	40.9730
8	16.31	14.02	117.9893	2.04	1.75	14.7487	2.29	0.56	34.0843
9	19.12	14.51	165.9924	2.13	1.62	18.4436	2.81	0.49	48.0031
10	21.13	15.02	209.6241	2.11	1.50	20.9624	2.01	0.51	43.6317
11	23.76	15.55	271.5389	2.16	1.41	24.6853	2.63	0.43	61.9148
12	26.41	16.51	352.8284	2.20	1.38	29.4024	2.65	0.96	81.2895
13	27.44	17.53	390.0409	2.11	1.35	30.0031	0.93	0.92	37.2125
14	29.07	18.41	469.0638	2.08	1.32	33.5045	1.63	0.88	79.0229
15	30.11	19.36	525.5320	2.01	1.29	35.0355	1.04	0.85	56.4692

(二)平原河川冲积区小叶杨人工林

主要分布在河流冲积滩地,沿河冲积平原及阶地,土壤多为冲积沙土,沙潮土,pH 值在 7～7.5,土壤水分条件较好,15 年林分平均胸径可达 20.8 厘米,树高 17.8 米,每公顷蓄积量 233.9

米³,年平均生长量顺序为 1.39 厘米、1.18 米和 15.6 米³。在 15 年生长过程中,胸径生长高峰期在 10～13 年,蓄积量生长在 15 年内未见减退,仍处于上升阶段,树高生长未出现明显的高峰期(表 3-4)。

表 3-4　平原河川冲积区小叶杨人工林生长过程表

每公顷株数 825 株　　　　　　　单位:胸径为 cm,树高为 m,蓄积量为 m³/hm²

树龄	总生长量			平均生长量			连年生长量		
	胸径	树高	蓄积量	胸径	树高	蓄积量	胸径	树高	蓄积量
1	0.53	1.30	0.0314	0.53	1.30	0.0314			
2	1.08	2.40	0.1638	0.54	1.20	0.0819	0.55	1.10	0.1324
3	2.18	3.61	0.8163	0.73	1.20	0.2721	1.10	1.21	0.6525
4	2.96	5.71	1.9815	0.74	1.43	0.4954	0.88	2.10	1.1652
5	5.41	6.73	7.3923	1.08	1.33	1.4784	2.45	1.02	5.4108
6	7.89	7.71	9.2420	1.31	1.28	1.5403	2.48	0.98	1.8497
7	9.81	8.69	29.1915	1.40	1.24	4.1702	1.92	0.98	19.9495
8	11.78	9.60	45.3632	1.47	1.20	5.6704	1.97	0.91	16.1717
9	13.07	11.51	64.2925	1.45	1.28	7.1436	1.29	1.91	18.9293
10	15.79	12.50	100.2293	1.58	1.25	10.0229	2.62	0.99	35.9368
11	16.83	13.50	121.2028	1.53	1.53	11.0221	1.04	1.00	20.9735
12	17.92	14.51	145.8104	1.49	1.20	12.1509	1.09	1.01	24.8076
13	19.01	15.62	174.4766	1.47	1.46	13.4213	1.09	1.11	28.6662
14	20.00	16.70	204.3106	1.43	1.19	14.5936	0.99	1.08	29.8340
15	20.83	17.80	233.9809	1.39	1.18	15.5993	0.83	1.10	29.6703

(三)平原沙地小叶杨人工林

主要分布于河流泛滥的淤积的沙地,地势平坦,土壤多为沙土、粉沙土,质地疏松,pH 值 7.5～8,土壤水分及肥沃度较差。15 年林分胸径只有 7.38 厘米、树高 6.57 米、每公顷蓄积量只能达到 44.0 米^3,年平均生长量顺序为 0.49 厘米、0.43 米和 2.93 米^3。林分特点只能保持水源涵养,起到保持水土的生态作用(表 3-5)。

表 3-5 平原沙地小叶杨人工林生长过程表

每公顷株数 2 500 株 　　　　　　　单位:胸径为 cm,树高为 m,蓄积量为 m³/hm²

树龄	总生长量			平均生长量			连年生长量		
	胸 径	树 高	蓄积量	胸 径	树 高	蓄积量	胸 径	树 高	蓄积量
1	0.73	1.82	0.2025	0.24	0.61	0.0678			
2	1.04	2.34	0.4552	0.26	0.59	0.1138	0.31	0.52	0.2527
3	1.45	2.85	0.9690	0.29	0.57	0.1938	0.41	0.51	0.5138
4	1.91	3.52	1.8731	0.31	0.59	0.2676	0.46	0.67	0.9041
5	2.62	3.81	3.8808	0.37	0.53	0.5554	0.71	0.29	2.0149
6	3.33	4.26	6.6944	0.42	0.53	0.8368	0.71	0.45	2.8064
7	4.01	4.67	9.7075	0.45	0.52	1.0786	0.68	0.41	3.0131
8	4.62	4.98	13.3211	0.46	0.50	1.3322	0.61	0.31	3.6136
9	5.13	5.30	17.1886	0.67	0.48	1.5626	0.51	0.32	3.8675
10	5.71	5.78	22.5233	0.48	0.48	1.8769	0.58	0.48	5.3347
11	6.23	6.02	27.5434	0.48	0.46	2.1187	0.52	0.24	5.0201
12	6.77	6.30	33.5323	0.48	0.45	2.3952	0.54	0.28	5.8689
13	7.38	6.57	44.0014	0.49	0.43	2.9334	0.61	0.27	10.1691

(四)山区小叶杨人工林

分布于山区的山谷两侧和山地小平原台地,土壤主要是黄棕壤,质地疏软,海绵状,潮,pH值6.5～7.0,林内常伴生有栎树、柳树、胡枝子等,15年林分平均胸径为14.18厘米,树高13.5米,每公顷蓄积量只有313.27米³,年平均生长顺序为0.95厘米、0.9米和20.88米³,主要作用在于山区水土保持,涵养水源,对于这样的小叶杨人工林,一旦生长成林,以后会形成天然更生的天然次生林(表3-6)。

表3-6　山区小叶杨人工林生长过程表

每公顷株数3 000株　　　　　　　单位:胸径为cm,树高为m,蓄积量为m³/hm²

树龄	总生长量			平均生长量			连年生长量		
	胸径	树高	蓄积量	胸径	树高	蓄积量	胸径	树高	蓄积量
1	0.40	0.81	0.0577	0.40	0.81	0.0577			
2	0.65	1.18	0.1672	0.33	0.59	0.0836	0.25	0.37	0.1095
3	0.92	1.85	0.3884	0.31	0.62	0.1295	0.27	0.67	0.2212
4	1.18	2.58	0.7346	0.30	0.30	0.1836	0.26	0.73	0.3462
5	1.80	3.77	2.0726	0.36	0.36	0.4145	0.62	1.19	1.3380
6	2.41	4.79	4.2733	0.40	0.40	0.7122	0.61	0.92	2.2007
7	3.22	6.17	8.9759	0.46	0.46	1.2823	0.81	1.38	4.7026
8	4.07	7.58	16.5399	0.40	0.94	2.0675	0.85	1.41	7.5640
9	5.56	8.62	33.7782	0.62	0.96	3.7531	1.49	1.04	17.2383
10	6.19	9.81	46.3050	0.62	0.98	4.6305	0.63	1.19	12.5268
11	7.61	10.76	75.1680	0.69	0.98	6.8334	1.42	0.95	28.8636

续表 3-6

树龄	总生长量			平均生长量			连年生长量		
	胸 径	树 高	蓄积量	胸 径	树 高	蓄积量	胸 径	树 高	蓄积量
12	9.13	11.69	115.4952	0.76	0.97	9.6246	1.52	0.93	40.3272
13	10.74	12.30	166.4463	0.83	0.95	12.8036	1.61	0.71	50.9511
14	12.66	12.98	241.5412	0.90	0.93	17.2529	1.92	0.68	75.0949
15	14.18	13.50	313.2769	0.95	0.90	20.8851	1.52	0.52	71.7357

第四节　小钻杨天然选优品种人工林

在自然界中，小叶杨有很多天然杂交类型，其中小钻杨（*P. xiaozhuanica* W. Y. Hsu et Y. Ling.）就是小叶杨与钻天杨的天然杂交种，即［*P. simonii* Carr. × *P. nigra* var. *italica*（Moench.）Kothne］。

我国杨树育种专家和林业科技实践工作者，在自然界存在的小钻杨中，选择了其中的优良个体，培育成独特的新无性系。在我国中温带和暖温带半湿润区大致有白城杨、白林杨、赤峰杨、双阳快杨；大台杨、付杂 2 号杨、铁选 1 号杨、大青皮杨、北矿 1 号杨、盖育 1 号杨、鞍杂杨、章杂杨、草杂杨、锦新杨、大官杨（大观杨）、八里庄杨、宁阳二白杨、平邑二杨、蒙杨、沂南杨、方城杨、定县小白杨等。

一、白城 2 号杨、白林 2 号杨

白城 2 号杨（*P. xiaozhuanica* W. Y. Hsu et Y. Ling. cv

'Baicheng-2')、白 林 2 号 杨（*P. xiaozhuanica* W. Y. Hsu et
Y. Ling. cv'Bailing-2'）的适生地理区域比较宽,在中温带半干旱
区和半湿润区都能生长。在笔者编著的《干旱半干旱区杨树林》中
对这两个品种在半干旱区适生情况和生长水平已有较详尽的阐
述,在这里只对其在半湿润区的生长水平进行表述。

　　在中温带半湿润区,白城2号杨和白林2号杨主要适生分布
于吉林省和辽宁省的西部和北部地区。

　　白城2号杨和白林2号杨虽选优于半干旱地区的白城市,属
于耐旱品种,在年降水量400毫米以下的地区生长良好,但在年降
水量500～800毫米的地区,生长亦好;在年平均气温4℃～8℃、
极端最低气温-40℃、1月份平均气温-21℃条件下,树干无冻
裂,苗期越冬不枯梢,耐寒性能较强。

　　在吉林省九台市饮马河苇子沟附近河滩地16年林龄的白城
2号杨胸径37厘米,树高20米;白林2号杨胸径30厘米,树高18
米。在水渠边护渠林带,白城2号杨株距4米行道树,16年胸径
达42厘米,树高21米;白林2号杨胸径30厘米,树高19米。
在长春市双阳区（即双阳县）河滩地上,白城2号杨和白林2号
杨人工林生长过程如表3-7所示,胸径生长可达16.4厘米和
16.2厘米,年平均为1.64～1.62厘米,树高可达13.4～13.2
米,年平均1.3米左右,每公顷蓄积量可达87.46～84.92米³,
年平均8.7～8.5米³/公顷。两个品种的生长水平相近似,从整
个生长过程的数据来看,其生长水平较理想。

表 3-7　白城 2 号杨、白林 2 号杨人工林生长过程表

立地条件：中温带半湿润区河滩地、沙潮土　　　株行距 4m×4m

单位：胸径为 cm，树高：m，蓄积量：m³/hm²

树　龄 (年)	白城 2 号杨			白林 2 号杨		
	胸　径	树　高	蓄积量	胸　径	树　高	蓄积量
1	3.37	3.20	1.3976	3.37	3.20	1.3976
2	4.18	4.33	2.8274	4.14	4.28	1.9736
3	5.21	5.26	4.4462	5.16	5.20	4.3297
4	6.81	6.44	8.6787	6.74	6.38	8.4473
5	8.41	7.75	15.0682	8.32	7.67	15.8974
6	10.01	8.68	23.1906	9.91	8.59	22.5542
7	11.51	10.12	34.4337	11.39	10.02	33.4629
8	13.16	11.15	48.5415	13.03	11.04	47.2179
9	14.32	12.29	62.0994	14.18	12.17	60.4139
10	16.41	13.40	87.4604	16.24	13.26	84.9275
11	17.81	14.36	109.0429	17.63	14.22	105.9889
12	19.38	15.33	136.3196	19.19	15.18	132.5673

二、双阳快杨

(一)起　源

双阳快杨（ *P. xiaozhuanica* W. Y. Hsu et Y. Ling. Cl. 'Shuangyangkuaiyang'）是吉林省双阳县（现为长春市双阳区）长山大队姜殿举同志从小叶杨人工林中选出的一个小钻杨天然杂

种,由于缘自双阳县,而且认为生长快速,故定名为双阳快杨。在20世纪60年代选优培育成为栽培品种之后,在农安县、双阳县、怀德县、长岭县多有栽培,60年代末期和70年代初期,在吉林省西部各县和黑龙江省中、南部地区,辽宁省北部地区曾进行了广泛引种造林。但因其树干皮冻裂和烂皮病发生危害严重,于70年代中期相继停止繁育和推广,至今已所剩无几。这是由于起初未能按优树选择科技程序,进行严格的试验和鉴定验收即盲目推广所致。即使如此,双阳快杨仍然有其可取之处,现今还有一些地区和造林单位寻找双阳快杨,为此特做必要的阐述。

(二)生　长

从已有资料统计,双阳快杨生长水平大致如下:

在缓坡干旱沙地 2.0 米×1.5 米密度人工林,8 年胸径 4.4 厘米,树高 6.2 米,与白城 2 号杨相近,优于小青杨;

在平缓湿润沙地,2.0 米×1.5 米密度人工林,8 年胸径 5.1 厘米,树高 5.8 米,比白城 2 号杨长得慢,优于小青杨;

在草原栗钙土平坦地,1 米×3 米人工林,在集约经营条件下,9 年胸径 15.5 厘米,树高 13.9 米,比白城 2 号杨胸径少 0.6 厘米,树高少 1.2 米,大致可以认为双阳快杨在生长水平方面,没有体现出明显的优越性。

(三)存　疑

从现有文字资料中,记录双阳快杨的形态特征是:"双阳快杨1 号为乔木,具有轮枝性,侧枝与主干间的夹角较小,约为 40°。树冠近似塔形,幼龄树皮灰绿色,壮龄树皮灰褐色,短枝叶菱状卵圆形,最宽处在中、下部,苗木叶片较大,菱状三角形,苗木扩权力强。双阳快杨 2 号为乔木,侧枝与主枝干夹角较大,约为 45°,树冠圆锥形,最宽处在中部。苗木叶片较小,苗木扩权力强。"这些形态特征与小叶杨典型形态描述,除对树冠形状的描述略有差异外,其余没有明显的本质差别。同时,在原文字记录中,缺少对生殖器官形态的描述,也无从认识雌雄属性。因此,双阳快杨有可能只是小叶杨的一个个体繁育所得,不可能成为独立的类型。当然这一问题,现在已无从探讨了,在现实自然界中,可能已经找不到可以认为是双阳快杨的植株了。

三、锦新杨等

(一)起源及分布

位于辽宁省内的辽河平原,由一些林业科技工作者于 20 世纪 60 年代选出了 9 种小钻杨自然杂交优树:锦新杨(*P. xiaozhuanica* W. Y. Hsu et Y. Ling. Cl. 'Jinxin')、章杂杨、铁岭 1 号杨、北矿 1 号杨、付杂 2 号杨、鞍杂杨、草杂 1 号杨、大青皮杨和大台杨。

这 9 个品种,20 世纪 60 年代于辽宁省锦州、章古台、铁岭、鞍山、草河口等地,经当地科技工作者多年选优培育而成。根据其后 30 年的实践,主要适生地为:

锦新杨:辽西走廊、辽中平原、辽西低山丘陵。

章杂杨:辽西低山丘陵、辽北低山平原西辽河沙地。

铁岭 1 号杨:辽北低山丘陵平原、辽东山地哈达岭龙岗山地。

北矿 1 号杨:辽西丘陵努鲁儿虎山低山丘陵。

付杂 2 号杨:辽北低山丘陵、西辽河沙地。

鞍杂杨:下辽河平原、辽东山地千山低山丘陵、辽东半岛丘陵。

草杂 1 号杨:辽东山地、哈达岭龙岗山地。

大青皮杨:辽东半岛山地。

大台杨:辽东半岛低山丘陵。

(二)生 长

根据已有资料加以整理系统计算之后,锦新杨等 9 种杨树的

生长过程列于表 3-8,从表的数据中可以认为:

第一,从总体来看,在中温带半湿润区的辽宁省的平原和丘陵地区,这 9 种小钻杨类的品种,生长水平还是比较好的,应属于中上等水平。在栽培密度 3 米×4 米的人工林中,在 10 年时,胸径总生长达到 16.4~22.1 厘米,平均每年生长 1.64~2.21 厘米;至 15 年胸径总生长达到 20.4~29.6 厘米,平均每年生长 1.36~1.97 厘米;树高总生长也较理想,10 年可达 16.2~22.8 米,年平均生长可达 1.62~2.28 米。尤其是每公顷蓄积量 10 年可达 134.707 1~328.608 5 米³,每年平均生长为 13.4~32.8 米³/公顷。

第二,在 9 个品种中,生长水平的差别还是很大的,大台杨和鞍杂杨、草杂杨由于生长地处辽东半岛低丘陵地和岗地,水、热条件都比较好,生长水平较高;锦新杨地处辽西走廊辽中平原,是辽宁省气候条件比较温暖,水、热条件较好的地区,当地林业经营水平亦较高,体现了锦新杨的生长优势;大青皮杨和北矿 1 号杨生长于丘陵山地,所处立地条件较差,体现出这两个品种生产量较低,但 10 年胸径亦可达到 16.4 厘米和 17.8 厘米,树高 16.2 米和 18.4 米,在小钻杨这类杨树中亦属中等水平。

第三,根据上述简要分析,应当认为在辽宁省一些地方选择出来的这 9 种天然杂种优树,确实有一定水平。省行政部门和林业专家在 20 世纪 70 年代曾经客观地指出,由于这些优良品种的选出"大大地加速了辽宁省杨树良种化的进程"。到 1980 年以后,由于有了适合本地的优良杨树品种,大面积营造杨树速生丰产林有了可靠的物质基础,从而"把辽宁省杨树栽培技术提高到一个新的水平"。

表 3-8　锦新杨等 9 种小钻杨自然类型品种

株行距 3m×4m,830株/hm²　　　　单位:胸径:cm;树高:m;蓄积量:m³/hm²

林龄	锦新杨			章杂杨			铁岭 1 号杨			北矿 1 号杨			付杂 2 号杨		
	胸径	树高	蓄积量	胸径	树高	蓄积量	胸径	树高	蓄积量	胸径	树高	蓄积量	胸径	树高	蓄积量
1	0.7	2.0	0.06413	0.6	1.8	0.0452	0.7	2.0	0.0641	0.6	1.9	0.0642	0.7	2.0	0.0641
2	1.3	3.6	0.2916	1.2	3.3	0.2372	1.3	3.3	0.2784	1.2	3.3	0.2372	1.2	3.8	0.2560
3	3.0	5.9	2.0923	2.8	5.2	1.6796	2.9	5.4	1.8456	2.7	5.4	1.5998	2.9	6.3	2.0438
4	4.6	8.3	6.2424	4.2	7.5	4.8362	4.4	7.5	5.3078	4.1	7.3	4.5211	4.4	8.7	5.9131
5	6.8	11.2	17.1351	6.4	10.1	14.0045	6.7	10.8	16.1670	6.2	10.0	13.0428	6.5	11.8	16.3170
6	8.6	13.3	31.1540	8.0	12.0	25.0504	8.3	12.7	27.5029	7.7	11.8	22.8979	8.2	13.9	29.6473
7	12.4	15.0	72.2023	11.6	13.5	57.9275	12.4	14.4	69.7986	11.0	13.3	51.4594	11.8	15.7	67.9236
8	15.4	17.2	124.9595	14.3	16.0	101.3521	14.6	16.8	110.0924	13.7	15.3	89.6022	14.6	18.0	116.7571
9	17.6	19.1	178.5471	16.3	17.8	144.1456	17.6	18.6	162.8160	15.6	16.9	126.3241	16.6	20.0	165.2958
10	20.0	20.7	247.2371	18.6	19.2	200.3143	19.6	20.1	231.4410	17.8	18.4	176.8493	19.0	21.7	232.5375
11	21.5	22.3	280.8958	20.0	20.7	247.2371	21.0	21.7	284.0693	19.1	19.8	216.9318	20.4	23.4	286.5020

续表 3-8

林龄	锦新杨			章桑杨			铁岭 1 号杨			北矿 1 号杨			付杂 2 号杨		
	胸径	树高	蓄积量	胸径	树高	蓄积量	胸径	树高	蓄积量	胸径	树高	蓄积量	胸径	树高	蓄积量
12	22.8	23.3	356.5252	21.3	21.7	292.2435	22.1	22.7	327.3340	20.3	20.7	254.7099	21.7	24.5	345.0379
13	24.2	23.9	410.8086	22.5	22.2	332.6952	23.5	23.3	378.7532	21.5	21.2	291.7354	23.0	25.1	387.6172
14	25.6	24.7	473.3755	23.8	23.0	384.0576	25.1	24.2	446.8573	22.8	21.9	337.5628	24.3	25.9	444.9814
15	26.9	25.1	530.2149	24.5	23.7	417.9292	26.4	24.6	501.6078	23.9	22.6	381.3385	25.6	26.3	500.6963

续表 3-8

林龄	鞍杂杨			草杂 1 号杨			大青皮杨			大台杨		
	胸径	树高	蓄积量	胸径	树高	蓄积量	胸径	树高	蓄积量	胸径	树高	蓄积量
1	0.7	2.0	0.0641	0.7	2.0	0.0641	0.5	1.6	0.0301	0.8	2.2	0.0871
2	1.3	3.6	0.2916	1.4	3.7	0.3433	1.1	2.9	0.1867	1.4	3.9	0.3535
3	3.3	6.2	2.6178	3.2	6.1	2.4339	2.6	5.0	1.4130	3.3	6.5	2.7019
4	5.0	8.4	7.4403	4.8	8.5	6.9170	4.0	6.5	3.9697	5.0	9.1	7.8963
5	7.1	11.3	18.8117	6.9	11.4	17.8909	5.6	9.0	9.8234	7.4	12.3	21.8618
6	9.2	12.8	34.8934	8.9	13.6	34.3059	7.5	10.3	19.5254	9.4	14.6	40.5710
7	11.9	14.1	63.1763	12.7	15.3	76.9990	9.5	11.3	33.6789	12.6	16.5	80.7550
8	14.2	15.9	99.4142	15.9	17.6	135.8403	11.4	12.7	53.2383	16.9	18.9	163.1386
9	17.7	18.1	172.4190	18.0	19.6	190.9760	14.1	14.4	90.2489	19.3	20.9	232.1745
10	20.2	20.1	245.8277	20.8	21.6	377.5570	16.4	16.2	134.7071	22.1	22.8	328.6085
11	21.4	22.3	302.1534	22.6	23.9	358.2827	17.3	17.1	156.9160	23.6	24.5	399.3975

续表 3-8

林龄	鞍杂杨			草杂 1 号杨			大青皮杨			大台杨		
	胸径	树高	蓄积量	胸径	树高	蓄积量	胸径	树高	蓄积量	胸径	树高	蓄积量
12	22.9	23.3	359.6595	23.9	25.3	421.5226	18.8	18.9	201.8826	25.1	25.6	469.8384
13	24.2	23.9	410.8086	25.7	24.6	475.3600	19.3	19.2	215.6755	26.6	26.3	540.5772
14	25.8	24.6	479.0665	26.9	25.3	533.9857	20.1	20.1	243.3998	28.1	27.2	621.7797
15	26.9	25.0	528.3295	27.7	26.1	582.2127	21.1	20.4	271.7011	29.6	27.6	699.0651

四、大官杨

(一)起源及分布

大官杨（*P. xiaozhuanica* W. Y. Hsu et Y. Ling. Cl. 'dakuanensis'）又名大观杨、大关杨，是河南省中牟县大官村群众在多年实践中选出的一种当时被认为生长快、适应性强、材质较好的工业纤维用材树种。中牟县大官村位于北纬 $34°44'$，东经 $114°24'$，地处黄河故道之中，属于暖温带半湿润气候区。起初，对大官杨的杨树派系属性未能统一认同，有认为是小钻杨的一种类型，属于青杨派，亦有认为属于欧美杨的一个无性系，实际上应属于小钻杨一类。1962 年以后，在河南省全省各地普遍引种栽培，20 世纪 70 年代以后，引种普及安徽、浙江、江苏、山西、陕西、湖北、甘肃、青海、宁夏、新疆、辽宁等地。在河南省主要分布于豫东黄河故道的沙丘、沙地人工林，黄淮平原的沿河、渠两岸和农田林网中。

大官杨适生土壤为沙壤土、沙土及壤土，气象条件为年平均气温 14.2℃，极端最高气温 42.1℃，年平均降水量 616.0 毫米，年平均空气相对湿度 67%，年平均蒸发量 2 033.7 毫米，早霜期 10 月中旬，晚霜期 4 月中旬，植物生长期 205 天左右。

(二)生　长

大官杨虽然在一段时期内在较大地区范围内有过推广和栽培，但对其生长水平方面的记载都寥寥无几，只在《河南森林》中能有少量记载，摘录于表 3-9。

表 3-9　大官杨不同土壤上生长量表

土壤名称	林 龄	胸 径 (cm)	树 高 (m)	单株材积 (m³)
壤　土	9	23.3	11.9	0.24788
沙壤土	8	24.2	15.8	0.30836
粉　土	8	11.9	8.4	0.04915
沙　土	9	16.3	13.5	0.14463
盐碱土	10	15.2	9.1	0.12578

摘自河南森林编委会,《河南森林》第 269 页,2000 年 1 月出版。

表 3-9 说明在不同土壤条件下大官杨生长水平,在壤土、沙壤土上 8～9 年生胸径可达 23.3～24.2 厘米,年平均生长量可达 2.59～3.02 厘米,树高分别为 11.9 米和 15.8 米,以沙壤土生长最佳。在粉土和盐碱土上生产量虽较差,但说明在土壤条件不良的情况下,大官杨亦可生存。在沙土上生长较好,胸径 9 年达 16.3 厘米,树高 13.5 米,年平均生产量分别为 1.81 厘米和 1.50 米,说明在沙地、沙丘地,大官杨作为水土保持林还是可行的。

表 3-10 是一株生长在中牟县的树干解析材料,可以作为大官杨在河南省黄河故道沙地上的生长规律,其基本特点是胸径生长 8 年最快,年平均生长 1.8～2.8 厘米,树高生长 5～8 年最快,年平均生长 1.3～1.6 米。

表 3-10　10 年生大官杨树干解析生长过程表

名　称	胸　径 (cm)	树　高 (m)	单株材积 (m³)
1		1.3	
2	1.5	2.5	0.00021

续表 3-10

名 称	胸 径 (cm)	树 高 (m)	单株材积 (m³)
3	2.1	3.6	0.00194
4	4.1	5.6	0.00683
5	5.5	7.6	0.02054
6	10.9	9.6	0.03007
7	17.7	11.6	0.07164
8	22.7	12.6	0.17777
9	23.7	13.3	0.23968
10	28.3	13.9	0.35705
带 皮	30.0		0.41872

摘自河南森林编委会,《河南森林》第 270 页,2000 年 1 月出版。

(三)病虫害严重

根据河南省森林病虫害专家研究和专业文献记载,在大官杨林木上,感染的病虫害种类繁多,危害严重。

1. 溃疡病和紫根腐病 溃疡病和紫根腐病发生比较普遍,杨树溃疡病[*Botryosphaeria ribis*(Tode)Gross. et Dugg.]对大官杨苗木、幼龄树和大树的主干及主枝侵害严重,受害林木围绕皮孔发生许多水泡形或凹陷圆形病斑,严重时可致林木死亡。

2. 紫根腐病 紫根腐病[*Helicobasidium purpureum* (Tul.)Pat.]侵染苗木根部,常引起根部及根茎腐烂致死苗木。

3. 害虫 叶部害虫有甲类、舟蛾类、潜叶蛾类、天蛾类、卷叶蛾类等,其中杨梢叶甲(*Parnops glasunowi* Jacobson)分布广泛,危害严重,大量取食叶柄,嫩梢,形成落叶。

4. 星 天 牛 光肩星天牛〔*Anoplophora glabripennis* (Motsch)〕和白杨透翅蛾(*Parathrene tabaniformis* Rottenberg)分布很为广泛,凡有大官杨,必有光肩星天牛和白杨透翅蛾危害,危害树干虫孔密布,不但降低木材工艺价值,而且更使树势减退,形成枯梢风折,同时还成为害虫的传播根源,其破坏程度极大。

5. 苗期害虫 苗期主要害虫有大灰象(*Symplezomias velatus* chevrolat)、铜绿金龟子(*Anomala corpulenta* Motschulsky)危害树根和嫩叶。

在大官杨树体中,常见的病虫害有数千种之多。严重的病虫害造成大量树木心腐、断梢、折干,蚕食大量树叶使树势减弱,生长减退直至死亡,更严重者,大官杨常成为了树木病虫害的发源地。因此,各地不得不对大官杨进行彻底淘汰和更换树种,大官杨现今消失也就是必然结果。

(四)值得思考的几个问题

第一,大官杨只是在"大官村群众在多年实践中选出来的",没有经过任何科学鉴定,就进行全面推广,实际上是一种盲目的不科学的行为,造成的后果十分严重,从中应当吸取教训。好在21世纪以来,国家林业局全面实行优良新品种示范、鉴定、登记制度,林业科技工作者、专家、学者都自觉遵守、严格执行。

第二,大官杨属于青杨派小钻杨类树种,其适生环境应当是中温带半干旱区,或中温带半湿润区,在大官杨发源地的河南省中牟县已经属于暖温带半湿润气候区,推广的安徽、江苏、湖北、河南已经是我国北亚热带气候区,根本就不是小钻杨适生区域,环境条件与大官杨能适应的生态环境相差甚远,必然招致大量病虫害的发生。

第三,据此反思,现在在杨树新品种鉴定和推广过程中,也还存在值得改进的地方,即鉴定过程过于草率,隐瞒鉴定新品种的某些缺陷等,致使在推广应用中出现各种问题,造成不应有的后果。

新品种在推广过程中,出于某种商业意图,不按照规定的适生区推广,造成不应出现的经济损失的现象也还时有发生。

第四,20 世纪 50 年代后期,在山东省陆续发现一些地方性的小钻杨优树,其中有泰安市的八里庄杨,宁阳县的二白杨,平邑县的平邑二杨,蒙城县的蒙杨,沂南县的沂南杨,费县方城公社的方城杨,定县的小白杨,都因为速生程度不理想或病虫害感染等问题,在山东省流行一时后即遭淘汰,这些都能说明小钻杨在半湿润温带气候区不宜栽培的历史见证。

第五节 以青杨派树种为母本的杂交品种林

一、小黑杨

(一)起源与分布

小黑杨(*P. simonii* Carr. × *P. nigra* L. *P.* × *simorigra*、*P.* × *xiaohei* T. S. Hwang et Liang)是以小叶杨为母本,欧洲黑杨为父本,经人工杂交后,选育而成。

小黑杨由黄东森教授于 1960 年选育成功后推广应用至今已有 60 余年,在长时间应用中,一直经久不衰,至今尚无更优者可以代替。

小黑杨适生分布很广,不但在我国广大的半干旱区,而且在半湿润区亦表现优秀,即在我国中温带半干旱区和半湿润区都很适宜生长,在如此广大的适生区和长达半个多世纪栽培历史长盛不衰,至今尚无与之比肩。

由于长势优良,先后又被一些地区选择定名为白城小黑杨、赤峰小黑杨和小黑杨 14 号,分别盛行于内蒙古、吉林、黑龙江和辽宁等地。

(二)生 长

有关小黑杨在干旱半干旱区的生长表现,在笔者编著的《干旱半干旱区杨树林》中已有阐述,在这里专论中温带半湿润区(即Ⅰ、Ⅱ杨树栽培区)小黑杨生长水平。

小黑杨在我国中温带半湿润气候区北缘的黑龙江省,表现为耐寒、耐旱、耐瘠薄,抗逆性强的特性,据肇州县良种繁育园试验,在最低气温−39℃、春季树木萌动期昼夜温差22.8℃的自然条件下,无冻害、无冻梢,生长良好。在富裕县栽植的23个杨树品种中,有10个品种因冻害死亡,8个品种因冻害而难于成林,只有小黑杨无冻害,生长健壮。黑龙江省林科所在肇东试验林场在pH值8.6的碳酸盐草甸土上,栽植杨树品种对比林,10年生小黑杨的胸径和树高分别为小青杨2.9倍和2.2倍。在肇州繁育场对比林中,7年生小黑杨胸径30厘米,树高11.7米,胸径、树高分别大于小青杨9.2%和3.5%、斯大林工作者杨17.1%和3.4%、北京杨33.1%和5.4%、白城2号杨16.1%和1.7%、小青杨76.6%和108.9%。

小黑杨在黑龙江省表现对锈病、烂皮病、杨干象等病虫害的抗性较强,在黑龙江省防护林研究所的杨树对比林中,17个品种中烂皮病发病株率高达50%以上,严重的达到90%以上,唯有小黑杨发病株率仅占19.5%,且被害程度轻微。翌年愈合生产量还不减,说明小黑杨对土壤具有广泛适应性。但相比之下,小黑杨以在草甸土、草甸黑土、碳酸盐草甸土和碳酸盐草甸黑钙土中生长良好。表3-11是在黑龙江省的一些县不同土壤上生长的小黑杨人工林生长表现。

表 3-11　小黑杨人工林在不同土壤条件下的生长情况表

调查地点	土壤名称	林龄(年)	株行距(m)	树高(m)	胸径(cm)	蓄积量(m^3/hm^2)
肇州县	碳酸盐草甸土	8	4×4	10.72	14.4	55.4622
龙江县	暗色草甸土	6	1×1.5	5.5	4.9	42.3952
龙江县	典型黑钙土	5	1.0×3	7.4	8.4	76.1830
泰来县	黑钙土型沙土	6	1.5×3	6.0	5.6	19.5406
肇东县	盐渍化草甸土	5	1.0×3	4.2	3.3	8.6416
大庆市	盐渍化草甸土	7	1.0×3	5.5	5.3	4.6583
肇东县	碳酸盐草甸黑钙土	7	2×2	8.8	9.3	80.2471
富锦县	草甸土	15	4×4	21.0	28.8	387.8020
富锦县	草甸黑土	15	4×4	22.0	31.0	452.9190
富锦县	沼泽化草甸土	15	4×4	19.0	25.5	269.7201

　　在黑龙江省的三江平原、松嫩平原的东部和西部小黑杨适生区,小黑杨人工林生长水平一般如表 3-12 至表 3-14 所示。

　　第一,5 年林分树高达 16.1 米、16.5 米和 18.3 米。人工林栽培指数分别为 16、16 和 18,属于中等指数等级。

　　第二,年平均生长量高峰,胸径在 10～13 年,树高在 6～11 年,蓄积量在 13 年以后,连年生长量高峰胸径在 9～11 年,树高在 6～10 年,蓄积量在 13 年以后。

　　第三,胸径年平均生长量 3 个地区的小黑杨第九年以后(三江平原的第八年以后)都在 1.5 厘米以上,在青杨派杨树中应属于较高水平。树高年平均生长量一般都在 1.3 米或以上;无论是胸径或树高,年平均生长量至 15 年期间,虽有逐年减少的趋势,但为数甚缓,仍处于良好的生长水平。蓄积量年平均生长量三江平原的一直处于上升状态,且实际产量数值都很高,至 15 年时达 19.2129 米³/公顷,按单位面积 667 米² 计算为 1.28 米³,是高水平的丰产水平。其他 2 个地区的蓄积量年平均生长量虽低于三江平原的,仍处于中等丰产水平,而且 3 个地区的蓄积量连年生产量至 15 年时仍处于 15～29 米³/公顷之间。

表 3-12 小黑杨人工林生长过程表

地点:黑龙江省三江平原区　　栽植密度:4m×4m

单位:胸径:cm,树高:m,蓄积量:m³/hm²

林龄	总生长量			年平均生长量			连年生长量		
	胸 径	树 高	蓄积量	胸 径	树 高	蓄积量	胸 径	树 高	蓄积量
1	2.2	2.5	0.5286	2.20	2.50	0.5286			
2	3.0	3.5	1.1609	1.50	1.75	0.5804	0.8	1.0	0.6323
3	4.1	4.8	2.5593	1.37	1.60	0.8531	0.9	1.3	1.3984
4	5.6	6.0	5.5069	1.40	1.50	1.3767	1.5	1.2	2.9476
5	7.2	7.6	10.7176	1.44	1.52	2.1435	1.6	1.6	5.2107
6	9.2	9.2	20.1345	1.53	1.53	3.3557	2.0	1.6	9.4169
7	11.4	10.7	34.7095	1.63	1.53	4.9585	2.2	1.5	14.5750
8	13.7	12.4	56.3381	1.71	1.55	7.0422	2.3	1.7	21.6286
9	16.2	13.9	81.4373	1.80	1.54	9.0486	2.5	1.5	25.0992
10	18.7	15.4	125.3829	1.87	1.54	12.5383	2.5	1.5	43.9456
11	21.2	16.2	168.1467	1.93	1.47	15.2861	2.5	0.8	42.7638
12	23.3	16.8	209.4483	1.94	1.40	17.4540	2.1	0.6	41.3016

林龄	总生长量			年平均生长量			连年生长量		
	胸径	树高	蓄积量	胸径	树高	蓄积量	胸径	树高	蓄积量
13	24.8	17.4	244.4663	1.91	1.34	18.8051	1.5	0.6	35.0580
14	25.9	17.9	272.1617	1.85	1.28	19.4401	1.1	0.5	27.6954
15	27.4	18.3	301.5126	1.82	1.22	20.1008	1.5	0.4	29.3509

表 3-13 小黑杨人工林生长过程表

地址:黑龙江省松嫩平原东部 栽植密度:4m×4m

单位:胸径:cm,树高:m,蓄积量:m³/hm²

林龄	总生长量			年平均生长量			连年生长量		
	胸径	树高	蓄积量	胸径	树高	蓄积量	胸径	树高	蓄积量
1	2.0	2.0	0.3973	2.00	2.00	0.3973			
2	2.6	2.9	0.7918	1.30	1.45	0.3959	0.6	0.9	0.3995
3	3.7	4.3	1.9510	1.27	1.43	0.6503	1.1	1.4	1.1593
4	5.1	5.7	4.4156	1.27	1.42	1.1039	1.4	1.4	2.4646
5	6.6	6.8	8.3275	1.32	1.36	1.6655	1.5	1.1	3.9119
6	8.2	8.3	14.8175	1.37	1.38	2.4696	1.6	1.5	6.4900
7	9.8	9.9	24.1549	1.40	1.41	3.4507	1.6	1.6	9.3374
8	11.9	11.4	39.7503	1.49	1.43	4.9688	2.1	1.5	15.5954
9	14.2	12.9	62.4877	1.58	1.43	6.9431	2.3	1.5	22.7374
10	16.5	14.2	91.2579	1.65	1.42	9.1258	2.3	1.3	28.7702
11	18.8	14.7	121.9122	1.71	1.34	11.0829	2.5	0.5	30.6543

续表 3-13

林龄	总生长量			年平均生长量			连年生长量		
	胸 径	树 高	蓄积量	胸 径	树 高	蓄积量	胸 径	树 高	蓄积量
12	20.9	15.1	154.0697	1.74	1.26	12.8391	2.1	0.5	32.1575
13	21.7	15.7	171.5982	1.67	1.21	13.1999	0.8	0.6	17.5285
14	22.4	16.1	186.7443	1.60	1.15	13.3389	0.7	0.4	15.1461
15	23.2	16.5	204.5117	1.55	1.10	13.6341	0.8	0.4	17.7674

表 3-14 小黑杨人工林生长过程表

地址：黑龙江省松嫩平原西部区　　　栽植密度：4m×4m

单位：胸径:cm,树高:m,蓄积量:m³/hm²

林龄	总生长量			年平均生长量			连年生长量		
	胸 径	树 高	蓄积量	胸 径	树 高	蓄积量	胸 径	树 高	蓄积量
1	1.8	2.0	0.3218	1.80	2.00	0.3218			
2	2.2	2.8	0.5573	1.10	1.40	0.2787	0.4	0.8	0.2355
3	3.5	3.7	1.3643	1.17	1.23	0.4561	1.3	0.9	0.8070
4	4.8	4.9	3.5527	1.20	1.23	0.8877	1.3	1.2	2.1884
5	6.3	6.2	7.1242	1.26	1.24	1.4248	1.5	1.3	3.5715
6	7.8	7.6	12.5783	1.30	1.27	2.0964	1.5	1.4	5.4541
7	9.3	9.1	20.4063	1.33	1.30	2.9152	1.5	1.5	7.8280
8	11.5	10.5	34.8064	1.44	1.32	4.3508	2.2	1.4	14.4001
9	13.8	11.9	55.3103	1.50	1.32	6.1456	2.3	1.4	20.5039
10	15.8	13.4	79.7921	1.58	1.34	7.9792	2.3	1.5	24.1818

续表 3-14

林龄	总生长量			年平均生长量			连年生长量		
	胸 径	树 高	蓄积量	胸 径	树 高	蓄积量	胸 径	树 高	蓄积量
11	17.0	14.1	96.3106	1.55	1.28	8.7555	1.2	0.7	16.5185
12	18.2	14.7	104.2546	1.52	1.22	8.6879	1.2	0.6	17.9440
13	19.2	15.2	130.7426	1.48	1.17	10.0571	1.0	0.5	16.4880
14	20.2	15.7	148.6871	1.44	1.12	10.6205	1.0	0.5	17.9445
15	21.0	16.1	164.1307	1.40	1.07	10.9120	0.8	0.4	15.4436

1960 年吉林省开始对 50 多个杨树品种进行引种试验,经过 12 年的反复试验研究,在 1972 年秋选出白城小黑杨、白城小青黑杨、白城 2 号杨,即称之为"两黑一白"作为省内栽培的杨树良种,在省内进行大面积推广栽培(注:白城小黑杨就是小黑杨在白城市引种选出其中优者,当地定名为白城小黑杨,实为小黑杨。小青黑杨是小青杨与黑杨的人工杂交种,主要分布在吉林省西部)。推广栽植面积较大,各种立地条件都有栽培营造人工用材林和农田防护林,生长水平因立地条件的差异而有较大差别,表 3-15 是笔者在吉林考察过程中收集到的不同立地条件下小黑杨人工林 8 年的生长量。从表中可以清楚地对比出来,小黑杨在适宜的立地条件下,生长水平是比较理想的,年平均生长量胸径可达 2 厘米,树高 1.82 米,蓄积量 11.207 米^3/公顷,栽培指数达到 18,属于上等水平。立地条件差的,例如在盐渍化草甸土、岗地栗钙土上生长量则差之甚远。从这里可以说明,在中温带半湿润气候区,只要选择适宜的造林地,小黑杨能够获得丰产。

第三章 青杨派杨树林

表 3-15 吉林省不同立地条件小黑杨人工林生长量比较表

株行距 4m×4m　　每公顷 610 株

立地条件	林　龄	胸　径 (cm)	树　高 (m)	蓄积量 (m³/hm²)	栽培指数
平缓地、湿润沙潮土	8	16.3	14.6	89.6577	18
平缓阶地冲积沙土	8	15.2	12.3	67.7893	14
草甸黑土	8	14.4	12.6	62.0326	14
盐渍化草甸土	8	8.8	8.6	11.2349	10
岗地栗钙土	8	5.9	5.6	5.7475	8

　　辽宁省林业部门在 20 世纪 70 年代按照辽宁省林业经济区的自然条件特点,选出适宜于各经济区生长的杨树良种,其中小黑杨被列为重要的良种之一,一直应用至今。其中所列小黑杨适生区域有:辽西低山丘陵区、辽北低丘平原区、河西走廊、辽中平原、下辽河平原和哈达岭——龙岗山地。笔者在 21 世纪初期,考察了辽宁省一些地区的杨树生长情况,当时收集到的小黑杨人工林生长数据,整理成为下辽河平原、辽东龙岗丘陵平缓地和西辽河沙地 3 个地区的小黑杨生长过程列于表 3-16。从表中所列 15 年人工林胸径生长达 21.1～26.3 厘米,年平均生长 1.40～1.75 厘米,树高生长达 16.7～18.7 米,年平均生长 1.11～1.25 米,蓄积量达 173.6530～297.1609 米³/公顷,年平均 11.5769～19.8107 米³/公顷,人工林栽培指数达到 16 和 18,属于中上等水平。相比之下,在辽、吉、黑三省中,在辽宁省生长的小黑杨生长水平较佳。

　　综上所述,小黑杨在我国中温带半湿润区的辽、吉、黑三省平原、丘陵等地,都属于优良适生品种,也说明小黑杨成为我国优良的杂交杨树品种是经得起时间和地域考验的。

表 3-16 辽宁省小黑杨人工林生长过程表

单位：胸径：cm，树高：m，蓄积量：m³/hm²　　密度：4m×4m　　　630 株/hm³

林龄	下辽河平原			辽东龙岗丘陵平缓地			西辽河沙地		
	胸 径	树 高	蓄积量	胸 径	树 高	蓄积量	胸 径	树 高	蓄积量
3	4.3	4.8	2.0604	3.8	4.4	2.1196	3.6	3.8	1.7488
4	5.9	6.3	6.4178	5.2	5.8	4.7179	4.9	5.0	3.8094
5	7.6	8.0	12.5910	6.7	6.9	8.8090	6.4	6.3	7.5517
6	9.6	9.6	23.0061	8.4	8.4	15.9395	8.0	7.8	13.6981
7	11.8	11.1	38.8893	10.1	10.1	26.4737	9.5	9.4	22.1723
8	13.2	12.9	54.8674	12.3	11.7	44.0501	11.8	10.7	37.7829
9	15.8	13.4	81.0791	14.6	13.3	68.8094	14.1	12.2	59.8521
10	17.3	15.9	112.0021	16.9	14.6	99.5397	16.1	13.6	85.2125
11	20.8	16.7	168.7501	19.1	15.0	130.0281	17.6	14.7	108.569
12	22.0	17.3	194.5261	21.3	15.2	167.0908	18.7	15.2	126.0221
13	23.5	17.7	226.3255	22.1	16.3	186.6394	19.6	15.6	141.4834
14	24.8	18.3	258.3565	22.8	16.9	204.8184	20.5	16.2	159.7619
15	26.3	18.7	297.1609	23.7	17.4	226.8617	21.1	16.7	173.6530

二、黑林 1 号、2 号、3 号杨

(一)起　源

黑林 1 号杨[(*P.* × *xiaohei* T. S. Huang et y. Ling)×(*P.* × *euramericana* cv. '15A')]是小黑杨与波兰 15 号杨的杂交品种，即青杨派杨与欧美杨的杂交品种。

黑林 2 号杨[(*P.* × *xiaohei* T. S. Huang et y. Ling)×(*P.* × *heixiao* T. S. Huang et y. Ling)]是小黑杨与黑小杨的杂交品种。

黑林 3 号杨[(*P. pseudo-simonii* Kitag. × *P. nigra* L.)× (*P. nigra* L.)]是小青黑杨与欧洲黑杨的杂交品种。

黑林 1、2、3 号杨是黑龙江省林科所刘培林研究员于 1980 年代经过科学研究试验、杂交培育而成的优良青杨派杂交新品种，"黑林"即黑龙江林业之意，在通过省科委鉴定后做了全面推广。通过几十年的推广，现已在黑龙江省的三江平原和松嫩平原地区得到较大面积栽培，对省内杨树发展起到了重要作用。

（二）形态特征

为了更好地识别和了解黑林 1 号、2 号、3 号杨，特将其形态特征做如下简要阐述。

1. 黑林 1 号杨 雌性乔木，树干通直，树冠宽圆锥形，壮龄树皮灰褐色、较光滑，小枝黄色、圆棱形。短枝叶菱状三角形，叶长宽比 8.9：7.7，叶基广楔形，叶先端宽渐尖，叶茎无腺点，叶柄有短毛。长枝叶长宽比 8.9：9.9，叶基楔形，叶先端宽渐尖，叶基具二腺点。茎棱线明显 5 条，未木质化茎具疏毛，茎中部皮孔椭圆形，分布稀疏。叶芽扁圆锥状，长 4～5 毫米，棕黄色，树脂浅黄。花序长 4～5 厘米，每个花序具 40～60 朵小花，苞片灰白色，裂片褐色。

2. 黑林 2 号杨 乔木，树干通直，树冠圆锥形或圆柱形，幼年树皮黄绿色，成年树皮暗灰色。短枝叶三角形或三角状半圆形，叶尖突尖，长 4～8 厘米、宽 3.5～6 厘米。长枝叶半圆形，先端突尖，茎圆形光滑不具棱线，芽长卵形，先端渐尖，微红褐色，有黏质。

3. 黑林 3 号杨 雌株，乔木，树干通直，树冠塔形较窄，树皮青灰色，中上部光滑，下部粗糙，纵裂。1 年生枝黄绿色。未木质化茎有毛，基中部皮孔卵形。短枝叶菱状三角形，叶基宽楔形，先端长渐尖，叶基部无腺点，叶柄绿色无毛。长枝叶片长宽比为 5.69：4.71，菱状三角形，叶基腺点 2。芽锥形，长 0.5 厘米红褐色,树脂黄色。

(三)生态特性

黑林1、2、3号杨都具有耐寒耐旱特性,在年平均气温2℃～4℃、年降水量350～600毫米、pH值6.0～7.8土壤上生长正常旺盛。黑林3号杨更具耐寒性,在北安县寒冷地带生长良好无冻害,对病虫害抗性较强,在相同立地条件下,抗性强于小黑杨,尤其具有抗褐斑病优良特性。黑林2号、3号杨未见天牛危害,抗天牛。黑林1号杨有轻微天牛危害。

(四)适生地理范围及生长水平

黑林1号、2号、3号号杨通过几十年的栽培证明,在黑龙江省松嫩平原和三江平原生长良好,在吉林省松花江流域亦有栽培,但数量不多。该树成为黑龙江省平原的杨树人工林栽培的主要树种。

从几十年黑林1号、2号、3号人工林及防护林生长观测分析,在前10年间,胸径年平均生长在1.5厘米左右,树高年平均生产量1.2～1.3米,在土壤肥沃和水肥条件好的平缓地,胸径年平均生长过达2.0厘米,树高1.5米。在当地栽植的一些杨树品种中可与小黑杨媲美,因而受到广泛青睐。

三、青山杨

(一)起 源

青山杨(*P. pseudo-cathayana* × *P. deltoids* Bartr cv. 'Shan-haiguanensis' Cl. 'qingshan')是黑龙江省防护林研究所于1981年以松青杨为母本,山海关杨为父本的人工杂交品种。

(二)形态特征

干通直,幼树梢弯曲,树皮光滑翠绿色,树冠卵形。侧枝圆无棱,细而柔,分枝角度 60°~70°。萌枝叶较大,卵形。基部截形或圆楔形,先端钝尖,基部 1~2 腺点,叶长 10~25 厘米,柄扁。芽长1.2~2 厘米,雄性,雄花序长 5~10 厘米。

(三)生态特性

青山杨具有青杨的特性,耐旱性能强:在年平均相对湿度50%、干燥度 3.5、年降水量不足 300 毫米条件下,生长正常,无枯梢等现象。耐寒特性明显:在极端最低气温−36.6℃,年平均气温2.1℃的气候条件下,无冻害。具有耐贫瘠的特性:在土壤贫瘠,有机质含量少于 1%,土质板结,透水性和保水性都较差的土壤上,亦能生长良好。同时,亦具有美洲黑杨的速生特性,对于杨树灰斑病和黑斑病的抗性较强。

(四)适宜生长区域和生长水平

从 20 世纪 80 年代培育成功青山杨以来,至今已有近 30 年的栽培历史,从栽培地区生长表现来看,黑龙江省松嫩平原和三江平原是青山杨适宜生长的地理区域。从 21 世纪以来,由于苗木市场运作,青山杨在吉林省松花江流域有栽培,且生长良好,说明青山杨的适应区域较广。

青山杨生长规律缺少系统研究,从已有资料分析,在松嫩平原生长表现是:林龄 3~10 年生长快速高峰期,胸径年平均生长量1.75 厘米,树高年平均生长量 1.6 米;10 年生人工林,胸径可达17 厘米,树高 16 米;4 米×4 米栽植密度蓄积量可达 108 米³/公顷,年平均 10.8 米³/公顷;15 年胸径 21 厘米,树高 18 米,蓄积量183 米³/公顷,年平均 12.2 米³/公顷。

在三江平原沙壤质土壤,水肥条件较好的农田村旁的防护林,10 年胸径平均 18 厘米,树高平均 16 米,在株行距 2 米×2 米的双行防护林,每千米 1 000 株,蓄积量 193 米³/千米,年平均 19.3米³/千米,这在黑龙江平原地区,生长水平已属中等以上。

四、富锦杨

(一)起源

富锦杨($P. simonii \times P. pyramidalys$ Cl. 'fujie')是黑龙江省富锦县林科所在辽宁省瓦房店选优所获,是小叶杨与钻天杨的天然杂种。

(二)形态特征

树干通直,树皮暗褐色,纵裂,冠椭圆形。幼树皮青绿色,皮孔菱形。萌枝叶菱状卵圆形,萌枝叶长 8～9 厘米,边缘有波状锯齿。萌枝茎有 5 条不明显的棱线,茎下部绿色,梢部粉红色,具茸毛。芽弯曲,基部绿色,芽尖紫红色。有雌、雄性两种,雌花序长 3～5厘米;蒴果圆形,粒状、皱曲,2～3 裂,果序长 8～10 厘米。雄花序长 4～6 厘米,具小花 75～80 朵,小花中有雄蕊 8～9 个,花药初为淡紫色,成熟时黄色,花盘扁黄色,苞片椭圆形,黄色,先端褐色,丝状分裂。

(三)生态特性

在北纬 47°36′6″,东经 130°25′33″的富锦县,年平均气温 2.5℃,极端最低气温−37.8℃,年降水量 529.9 毫米,年日照时数 2 487 小时,≥10℃积温 2 500°,无霜期 126 天的气候条件下,无冻害,并表现有耐旱的特性,对危害干部的白杨透翅蛾和杨干透翅蛾抗性强,危害率为 0,对叶部病害锈病和灰斑病未见有危害。

(四)适宜生长地区及生长水平

凡是小叶杨和钻天杨适生区域都应当是富锦杨适生地区,但几十年来,没有进行扩大栽培,至今尚局限于齐齐哈尔市、大庆市、绥化市诸县(市)。

表 3-17 是富锦县富锦杨生长过程表,从表中数据可以看出富

锦杨的基本生长规律，即：在前 5 年生长比较缓慢，第八年以后开始速生，10 年时年平均生长量胸径 1.4 厘米，树高 1.07 米，蓄积量 9.4189 米³/公顷，在青杨派杨树中，生长属于中等水平。

表 3-17　富锦杨生长过程表

栽植密度：3m×3m　　1 116 株/hm²

林　龄	胸　径 （cm）	树　高 （m）	蓄积量 （m³/hm²）
2	1.04	1.22	0.1599
3	1.24	2.20	0.2798
4	3.10	3.70	2.2510
5	4.40	4.53	5.0949
6	6.20	6.75	13.0896
7	8.51	7.69	27.0325
8	10.71	8.59	46.4132
9	12.64	9.62	70.3825
10	18.03	10.71	94.1895

第六节　以青杨派树种为父本的杂交品种林

一、黑　小　杨

（一）起源及地理分布

黑小杨（*P. nigra* L. × *P. simonii* Carr.）、（*P.* × *heixiao*

T. S. Huang)是黄东森研究员于 1960 年以欧亚黑杨为母本,小叶杨为父本杂交培育而成。在我国中温带半湿润区主要分布于黑龙江省三江平原栽培,当地林业科技工作者定名为迎春 5 号杨(*P.* × *heixiao* cv.'Yingchun'-5)。除此之外,黑小杨在吉林省北部地区亦有栽培,称之为中林三北 1 号杨(*P.* × *heixiao* cv.'Zhong-lin Sanbei'-1)。迎春 5 号杨和中林三北 1 号杨皆属雄性。无论是迎春 5 号杨还是中林三北 1 号杨,实际上就是黑小杨在不同的地区因某种原因给予不同的名称而已。另外,黑小杨在中温带半干旱地区亦生长良好(在干旱半干旱地区杨树林中有专述),从这里可以说明黑小杨对不同地域和不同气候条件的适应能力,证明了黑小杨的优良品质。

(二)形态特征

1. 黑小杨的形态特征 笔者在《杨树栽培实用技术》专著第 104 页对黑小杨形态描述:树干通直,树皮暗灰色,大树 1/3 下部纵裂;树冠圆形或圆柱形;侧枝呈 35°～45°角开展;小枝圆筒形光滑无棱,黄褐色;芽长卵形,先端渐尖,微红褐色,有黏质;叶菱形或菱状卵圆形,多型性显著;叶长 4.4～9.6 厘米,叶片长宽比 120:129,中间叶脉与第二侧叶脉夹角 40°～49°;叶茎宽楔形,叶尖长渐尖,叶缘具圆锯齿,有半透明边;叶基腺点 2 个以上;中主叶脉肉色,叶柄绿色,无毛;长枝叶有两种,一种是初生叶,菱形,由茎基至顶端不变,另一种是初长叶,菱形,但中部以上逐渐变为三角形,叶基由楔形变为截形;雄花序长 3～4 厘米,柱头二裂,蒴果二瓣裂。

2. 迎春 5 号杨形态特征 黑龙江省林科所刘培林研究员在《杨树良种选育与栽培》一书第 139 页对迎春 5 号杨形态描述:树干直,树皮赤褐色,3～4 年树干下部开始纵裂,渐变黑褐色,大树 1/3 树干以下枝深纵裂;树冠窄圆锥形,侧枝较细,枝角 35°～50°角开展;小枝圆柱形,无棱,灰白色梢部绿色;芽长卵形,渐尖,微红褐色,顶芽生长时有黏液;叶菱形,长 5～10 厘米、宽 4～8 厘米,叶基部阔楔形;萌生条上的叶(即长枝叶)少部分为三角形,叶基部波状;雄花序长 3～4 厘米,雄蕊 20～30 枚,雌花序有小花 20～40 朵,柱头二裂。

以上两种杨树品种的描述,除在描述语法方面有微小差异外,其本质完全相同,应属于同一种品种的形态描述。

(三)生态特征

黑小杨的栽培应用,初始于半干旱地区的内蒙古自治区,生长表现极佳,故最初分析其生态适应环境都着重于中温带半干旱地区的环境特点,即抗旱性、抗寒性、抗风性、抗病性和抗虫性的优良特性(详见笔者著:《干旱半干旱地区杨树林》第三章第四节)。经几十年的栽培实践,黑小杨栽培适应的地理范围,除中温带半干旱地区外,亦适生于中温带半湿润气候区,其地域适应范围跨越两个气候区,真是难能可贵。以迎春 5 号杨栽培地区的虎林市迎春镇为例,地理位置属于黑龙江省三江平原南缘,有穆棱河、七虎林河自西南向东北斜贯,于境东入乌苏里江,年平均气温 2.7℃,1月份平均气温－17.4℃,7 月份平均气温 19.8℃,最高气温34.5℃,最低气温－38.4℃,年降水量 621.4 毫米,6～8 月份降水量 302 毫米,年日照 2 655 小时,年蒸发量 1 321 毫米。≥10℃积温 2 626℃,初霜 9 月 23 日,终霜 5 月 8 日,无霜期 135.8 天,是典型的中温带半湿润气候区的气候特征。黑小杨(即迎春 5 号杨)在这里不但生长良好,而且成为当地优良的主栽品种,说明了黑小杨的优良的生态特性。

(四)生长特性

表 3-18 是 1984 年在黑龙江省虎林市迎春镇营造的迎春 5 号杨人工林(栽植密度 3 米×6 米,每公顷 550 株/公顷),按照原来记录的原始数据加以整理计算后成为黑小杨(迎春 5 号杨)生长过

程表,从表中数据可以做如下分析。

第一,黑小杨人工林的栽培指数为20,属于高等级指数,说明其生产能力较高。

第二,年平均生长量高峰期胸径4～9年,树高4～8年,蓄积量15年以后连年生长量高峰期胸径4～8年,树高4～6年,蓄积量8年开始至15年还在增长。从中说明黑小杨生长能量比较旺盛,尤其是蓄积量的增长到15年生长趋势尚无下降迹象。

第三,胸径年平均生长量在11年以前都处于2厘米以上的水平,至12年才下降至2厘米以下,这在青杨派杨树中是领先的。树高年平均生长量在7年以前都处于2米以上,8～13年在1.5米以上。这一生长水平亦属青杨派所少见者。比较突出的是蓄积量年平均生长量,到15年不但仍然持续上升,而且产量处于高水平状态,10年达到16.0187米³/公顷,15年达到19.5428米³/公顷,按667米²计算,年平均生长量10年1.0679米³/667米²,15年1.3028米³/667米²,达到或超过了国家杨树丰产标准规定的指标。

表 3-18　黑小杨(迎春 5 号杨)生长过程表

地址:黑龙江省虎林市迎春镇　　河谷河滩地冲积沙壤土

栽植密度:3m×6m　550 株/hm²　　单位:胸径:cm,树高:m,蓄积量:m³/hm²

树龄	总生长量			年生平均长量			连年生长量		
	胸径	树高	蓄积量	胸径	树高	蓄积量	胸径	树高	蓄积量
1	2.60	2.61	0.6538	2.60	2.61	0.6538			
2	3.94	3.81	1.0312	1.97	1.90	0.5156	1.14	1.20	0.3774
3	5.34	5.36	4.1270	1.79	1.79	1.3757	1.40	1.55	3.0948
4	9.46	8.47	17.7571	2.36	2.12	4.4393	4.12	3.11	13.6301

续表 3-18

树龄	总生长量			年生平均长量			连年生长量		
	胸径	树高	蓄积量	胸径	树高	蓄积量	胸径	树高	蓄积量
5	12.78	10.66	38.5837	1.55	2.13	7.7127	3.32	2.19	20.8066
6	14.75	12.67	58.9459	2.56	2.11	9.8243	1.97	2.01	20.3822
7	16.80	13.98	82.8531	2.40	2.00	11.8361	2.05	1.31	23.9072
8	18.79	15.08	110.3493	2.35	1.89	13.7937	1.99	1.10	27.4962
9	20.34	16.13	136.8060	2.26	1.79	15.2007	1.55	1.05	26.4567
10	21.43	17.18	160.1870	2.14	1.72	16.0187	1.19	1.05	23.3810
11	22.46	18.20	184.8391	2.04	1.65	16.8036	1.03	1.02	24.6521
12	23.56	19.16	212.5881	1.96	1.60	17.7157	1.10	0.96	27.7490
13	24.49	19.98	238.1938	1.88	1.54	18.3226	0.93	0.82	25.6057
14	25.36	20.79	264.4121	1.81	1.49	18.8866	0.87	0.81	26.2183
15	26.27	21.58	293.1415	1.75	1.44	19.5438	0.91	0.79	28.7294

二、中绥杨、中黑防杨、中牡杨、1344 杨

(一)起 源

1978 年,中国林科院黄东森研究员以美洲黑杨为母本,青杨为父本培育而成的杂种后代,于 1981 年与黑龙江省绥化市林业局进行协作栽培试验,经过 13 年的区域化试验选育出优良无性系 4号和 12 号,定名为中绥 4 号杨和中绥 12 号杨(*P. deltoides* Barta. × *P. cathayana* Rehd. Cl. 'Zhongsui-4'-12')。

与此同时，与黑龙江省防护林研究所协作，在齐齐哈尔市试验地，通过区域化试验及示范推广，选育出其中 1、2 号优良无性系，定名为中黑防 1 号、2 号杨（*P. deltoides* Barta. × *P. cathayana* Rehd. Cl. 'Zhongheifang-1'-2')。

与黑龙江省牡丹江林业科学研究所协作，在该所试验地进行区域化试验与选择，选出优良无性系 1 号，定名为中牡 1 号杨（*P. deltoides* Barta. × *P. cathayana* Rehd. Cl. 'Zhongmu-1'）。

与黑龙江省林科所协作，选育出优良无性系'1344'号，定名为 1344 杨（*P. deltoides* Barta. × *P. cathayana* Rehd. Cl. '1344'）。

（二）形态特征

1. 中绥 4 号杨 乔木，雌性，树干通直，侧枝轮生，树皮光滑灰绿色，基部纵裂，茎中部皮孔圆形均匀分布。一年生枝条有棱线无槽沟，短枝叶基部圆楔形，先端渐尖，腺点数 2，叶脉绿色，叶柄全绿。一年生萌枝条部分色粉红，萌枝叶长 18 厘米、宽 15.5 厘米，叶长尖，圆锯齿，两边缘各有 60 齿左右，叶柄淡红色，芽细窄渐尖，长 6～7 毫米，棕色，与茎紧贴，顶芽树脂淡黄色。

2. 中绥 12 号杨 乔木，雄性，树干略弯曲，侧枝平展，树皮光滑灰绿色，皮孔短线形分布均匀。一年生枝有棱线无槽沟。短枝叶茎部圆楔形，腺点数不等，叶先端渐尖，叶脉绿色，叶柄全绿。一年生萌枝条部分色粉红，萌枝叶长 18 厘米、宽 15.5 厘米。叶长尖，圆锯齿，两边缘各有齿 60 个左右，叶柄淡红色。芽细窄渐尖，长 6～7 毫米，棕色，与茎紧贴，顶芽树脂淡黄色。

3. 中黑防 1 号杨 乔木，雄性，树干通直圆满，树皮灰绿色，光滑披白粉，皮孔线形横向不规则排列。一年生枝有棱线无槽沟。叶圆卵形，先端渐尖，叶脉绿色，叶柄全绿。萌枝叶长 17～18 厘米、宽 13～14 厘米，萌枝微红色，芽长渐尖，褐色有黏液。

4. 中黑防 2 号杨 乔木，雄性，树干通直圆满，树皮灰绿色，光滑披白粉，皮孔线形横向不规则排列。一年生枝有棱线无槽沟。

叶基部近截形,先端渐尖,叶脉绿色,叶柄全绿。萌枝叶长 17～18 厘米、宽 13～14 厘米,萌枝微红色,芽长渐尖,褐色有黏液。

5. 中牡 1 号杨 乔木,雄性,树干通直,树皮光滑灰绿色,基部纵裂,皮孔圆形,分布均匀。一年生枝条有棱线无槽沟。短枝叶基部楔形,先端渐尖,有腺点 2,叶脉绿色,叶柄全绿;1 年生萌枝条粉色,萌枝叶长 17～18 厘米、宽 15 厘米,叶长尖,具圆锯齿,两边缘各有齿 60 个左右,叶柄淡红色,芽渐尖,较长 6～7 毫米,与茎紧贴,顶芽有黄色树脂。

6. 1344 杨 乔木,雌性,树干通直,树皮灰白色,下部浅纵裂。一年生枝有棱线无槽沟,叶长卵形,基部心形,先端尖,叶脉绿色,叶柄全绿。萌枝叶长 17 厘米、宽 13 厘米,柄红,主脉红,先端尖,基部心形,边缘锯齿各有 50 个左右,小枝暗绿,芽 7～15 毫米,红褐色。

从上述形态描述中进行对比分析,虽在个别形态上有一些微妙差异,但主要形态都十分相同,充分体现了同一亲本的特点。

(三)生态特性

以下只探讨中绥 4 号、12 号杨的生态特性。从 20 世纪 80 年代开始至今,中绥杨栽培已有 30 年历史。在这 30 年的栽培过程中,体现出中绥杨栽培生态特性有如下几个方面:

1. 适应地理范围较广 在中温带半湿润区的松嫩平原,中温带的半干旱区的内蒙古老哈河流域,暖温带的半湿润区的辽南平原的德阳河流域都有栽植,且生长表现良好,在 3 个不同的气候区域中都能生长,在杨树品种方面是少有的。

2. 耐寒性能突出 在松嫩平原的绥化市,极端最低气温 −42.4℃,年平均气温 2.1℃;齐齐哈尔市极端最低气温 −39.5℃,年平均气温 3.2℃;三江平原的依兰县极端最低气温 −37.1℃,年平均气温 3.2℃等地区,气候比较寒冷的中温带的北部地区(北纬 44°34′～46°37′、东经 126°51′～129°36′)林木生长无冻害,苗期有轻微冻害,冻害指数约 5%。

3. 对气温适应范围较宽 辽宁省辽南平原的黑山县,属辽宁省暖温带气候区(也属我国半湿润暖温带气候区的北缘),年平均气温 9℃~10℃,极端最低气温-21℃,极端最高气温 41℃。与黑龙江省松嫩平原、三江平原相比较,极端最低气温相差 16℃之多,即其对极端最低气温适应范围在-21℃~37.1℃之间,适应范围之宽是其他杨树品种无可比拟的。

4. 耐旱性能突出 地处东经 119°25′,北纬 41°30′的辽宁省建平县黑水镇西南关二区,年降水量 380 毫米,年蒸发量 1950 毫米,相对湿度 55%,无霜期 125 天,极端最低气温-31.4℃,极端最高气温 41.5℃,是典型的中温带半干旱气候区。其基本特点是气温低,温差大,降水量少,蒸发量大于降水量 6 倍以上,气候长年处于缺水干旱状态,在这样的气候条件下,中绥杨却生长良好,生长量普遍超过青杨派优良品种。

5. 喜水肥、速生特性明显 这两个品种虽耐干旱、耐低温,但在降水量充足,水肥条件好的地区,则充分表现出喜水喜肥,生长迅速的特点,在辽南平原,年降水量 600 毫米,年平均气温高达 9℃~10℃,无霜期 190 天的暖温带气候条件下,生长量良好,说明其对水分条件适应范围较宽。

6. 抗病虫害能力强 据刘培林研究员长年观察,中绥杨对杨树烂皮病、溃疡病、黑斑病、灰斑病以及白杨透翅蛾、天牛等病虫害的抗性较强,长期以来没有或极少发现上述病虫的危害。但在辽河流域,杨树烂皮病和溃疡病比较严重。

以上诸项,充分表现出中绥杨亲本美洲黑杨和青杨良好的生态特性。

说明一下:上述是中绥 4 号杨和中绥 12 号杨的生态特性描述。对中黑防杨、中牡杨、1344 杨,因多年来推广分布范围较小,同时由于亲本同源,其生态习性必然相似。故对它们的生态特性暂不予以描述。

(四)生长水平

表 3-19 和表 3-20 分别是 20 世纪 80 年代在黑龙江省绥化市栽植的中绥 4 号杨和中绥 12 号杨,表 3-21 和表 3-22 是 20 世纪 90 年代末分别在辽宁省建平县黑水镇和黑山县栽植的中绥 4 号杨和中绥 12 号杨生长过程表,现根据这 4 个生长过程表中的数据做如下分析。

1. 栽培指数逐年提升　按照小钻杨栽培指数表衡测,林龄 5 年栽培指数为 14~16,10 年为 18,12 年或 15 年为 20。说明中绥 4 号杨和中绥 12 号杨人工林随着林龄的增长,林地生产能力是在逐年增长,至 15 年还处于上升趋势,说明中绥 4 号杨和 12 号杨具有较强大的生产潜力。

2. 林木蓄积量较高　林龄 10 年总蓄积量在绥化市可达 148~169 米^3/公顷,在辽宁省可达 290~325 米^3/公顷,年平均蓄积量顺序为 14.82~16.36 米^3/公顷和 29.26~32.54 米^3/公顷。到 15 年,在绥化市总蓄积量高达 452~477 米^3/公顷,年平均达到 30.17~31.81 米^3/公顷,连年生长达到 53.25~68.539 米^3/公顷。在辽宁 12 年总蓄积即可达到 428~514 米^3/公顷,年平均蓄积量为 35.7~42.9 米^3/公顷,相同林龄的连年生长量更为可观,可达 65.89~104.41 米^3/公顷。

3. 胸高直径生长水平超群　在绥化市,中绥 4 号杨和中绥 12 号杨,至第九年,年平均生长可达 2 厘米以上,15 年总生长可达 31.7~32.6 厘米;在辽宁省到第六年时,可达 2.5 厘米以上,12 年总生长可达 32.9~34.6 厘米。这一生长水平超过了我国中温带半湿润区栽培的其他杨树品种。

4. 树高生长水平较高　在绥化市,中绥杨 10 年树高总生长可达 15 米左右,年平均生长 1.5 米,在辽宁省顺序为 16 米以上和 1.6 米以上处于中上等生长水平。

从上述数据分析可以明确地认为,中绥 4 号杨和中绥 12 号杨的生长水平,明显地超过本章所述各种杨树品种。尤其在胸高直径和蓄积量生长方面,更为突出,应当更好地推广。

表 3-19　中绥 4 号杨人工林生长过程表

地址:黑龙江绥化市　　　　　立地条件:松嫩平原河滩阶地,沙壤土

栽植密度:4m×4m　600 株/hm²　　单位:胸径:cm,树高:m,蓄积量:m³/hm²

林龄	总生产量			年平均生产量			连年生产量		
	胸径	树高	蓄积量	胸径	树高	蓄积量	胸径	树高	蓄积量
1	2.30	2.50	0.5502	2.30	2.50	0.5502			
2	3.51	3.70	1.5599	1.76	1.85	0.7800	1.21	1.20	1.0097
3	4.56	4.92	3.1106	1.52	1.64	1.0369	1.05	1.22	1.5507
4	6.37	6.68	7.4153	1.59	1.67	1.8538	1.81	1.76	4.3041
5	8.20	8.64	14.7701	1.64	1.72	2.9540	1.83	1.96	6.9548
6	10.37	10.37	27.1259	1.73	1.73	4.5210	2.17	1.73	12.3568
7	12.39	11.65	42.4241	1.77	1.66	6.0606	2.02	1.28	15.2982
8	15.18	13.24	70.5825	1.90	1.65	8.8228	2.79	1.59	28.1584
9	18.96	14.20	116.6108	2.11	1.58	12.9568	3.78	0.96	46.0483
10	20.84	15.12	148.4085	2.08	1.51	14.8409	1.88	0.92	31.7977
11	23.12	16.73	198.8676	2.10	1.52	18.0789	2.28	1.61	50.8191
12	26.62	17.94	279.7857	2.22	1.50	23.3155	3.50	1.21	80.9181
13	28.60	18.93	338.2069	2.2	1.46	26.0159	1.98	0.99	58.4212
14	29.93	19.74	384.0607	2.14	1.41	27.4329	1.33	0.81	45.8538
15	31.74	20.83	452.5997	2.12	1.39	30.1733	1.81	1.09	68.5390

第三章　青杨派杨树林

表3-20　中绥12号杨人工林生长过程表

地址：黑龙江省绥化市　　　　　立地条件：松嫩平原河滩地，沙壤土
栽植条件：4m×4m　600株/hm²　　单位：胸径：cm，树高：m，蓄积量：m³/hm²

林龄	总生长量			年平均生长量			连年生长量		
	胸径	树高	蓄积量	胸径	树高	蓄积量	胸径	树高	蓄积量
1	2.41	2.52	0.6063	2.41	2.52	0.6063			
2	3.50	3.77	1.5672	1.75	1.89	0.7836	1.09	1.25	0.9609
3	4.63	4.99	3.2351	1.54	1.66	1.0787	1.13	1.22	1.6679
4	6.50	6.77	7.7926	1.62	1.69	1.9482	1.87	1.78	4.5575
5	8.36	8.81	15.5759	1.67	1.76	3.1152	1.86	2.04	7.7823
6	10.63	10.63	26.0566	1.77	1.77	4.3428	2.27	1.82	10.4807
7	12.76	12.00	46.0691	1.82	1.71	6.5813	2.13	1.37	20.0125
8	15.63	13.64	76.6698	1.95	1.70	9.5837	2.87	1.64	30.6007
9	19.57	14.65	127.481	2.17	1.63	14.1646	3.94	1.01	50.8113
10	21.57	15.65	163.632	2.16	1.57	16.3632	2.00	1.00	36.1512
11	23.93	17.32	219.41	2.17	1.57	19.9436	2.36	1.37	55.7775
12	26.68	18.65	290.568	2.22	1.55	24.2139	2.75	1.32	71.1577
13	29.74	19.68	378.2	2.29	1.51	29.0923	3.06	1.33	87.6129
14	30.98	20.43	423.954	2.21	1.46	30.2824	1.24	0.75	46.7533
15	32.66	20.73	427.208	2.18	1.38	31.8139	1.68	0.30	53.2547

表 3-21　中绥 4 号杨人工林生长过程表

地址：辽宁省建平县黑水镇　　　　　　立地条件：老哈河二级台地，沙质壤土

栽植密度：4m×4m　600 株/hm²　　　　单位：胸径:cm,树高:m,蓄积量:m³/hm²

林龄	总生产量			年平均生产量			连年生产量		
	胸 径	树 高	蓄积量	胸 径	树 高	蓄积量	胸 径	树 高	蓄积量
1	2.71	2.33	0.7404	2.71	2.33	0.7404	—	—	—
2	4.20	3.87	2.2236	2.10	1.94	1.1178	1.49	1.34	1.4832
3	6.65	6.22	7.6983	2.22	2.07	2.5661	2.45	2.35	5.4747
4	9.52	7.99	18.7986	2.38	2.00	4.6996	2.87	1.77	11.1003
5	12.41	9.78	37.1367	2.48	1.96	7.4274	2.89	1.79	18.3381
6	15.73	11.69	68.3797	2.62	1.94	11.3966	3.32	1.87	31.243
7	20.66	13.12	129.2269	2.95	1.87	18.5396	4.93	1.47	61.3972
8	23.72	14.66	187.3869	2.97	1.83	23.4234	3.06	1.54	57.6100
9	26.67	15.86	252.9216	2.96	1.76	28.108	2.95	1.20	65.5847
10	29.56	16.75	325.4144	2.96	1.68	32.5414	2.89	0.89	72.4428
11	31.95	18.33	410.5413	2.90	1.66	37.3219	2.39	1.58	85.1269
12	34.68	19.71	514.9580	2.89	1.64	42.9136	2.73	1.38	104.4167

第三章　青杨派杨树林

表 3-22　中绥 12 号杨人工林生长过程表

地址：辽宁省黑山县　　　　　　　　立地条件：辽南平原河流上中游沙地，壤质沙土

栽植密度：4m×4m　　600 株/hm²　　单位：胸径:cm,树高:m,蓄积量:m³/hm²

林龄	总生产量			年平均生产量			连年生产量		
	胸径	树高	蓄积量	胸径	树高	蓄积量	胸径	树高	蓄积量
1	2.59	2.24	0.6649	2.59	2.24	0.6649			
2	4.01	3.53	1.9845	2.00	1.77	0.9923	1.42	1.29	1.3196
3	6.34	5.98	6.8156	2.11	1.99	2.2719	2.33	2.45	4.8311
4	9.08	7.68	16.6197	2.27	1.92	4.1549	2.74	1.70	9.8041
5	11.84	9.40	32.8003	2.37	1.88	6.5600	2.76	1.72	16.1806
6	15.05	11.15	60.4624	2.50	1.86	10.0771	3.21	1.75	27.6691
7	18.77	12.73	104.5307	2.68	1.82	14.9340	3.72	1.58	44.0683
8	22.70	14.22	167.3407	2.84	1.78	20.9183	3.93	1.49	62.8163
9	25.52	15.38	225.7379	2.93	1.71	25.1820	2.82	1.16	58.3909
10	28.29	16.39	292.6265	2.83	1.64	29.2627	2.77	1.01	66.8886
11	30.80	17.28	362.7582	2.80	1.57	32.9780	2.51	0.89	70.1317
12	32.84	18.08	428.6537	2.74	1.51	35.7211	2.04	0.80	65.8955

第四章　白杨派杨树林

第一节　毛白杨

一、分　布

毛白杨（*P. tomentosa* Carr.）是我国固有的乡土树种，有据可查已有 2 000 多年的栽培历史，在全国的分布范围，大致位于北纬 30°～41°，东经 105°～125°的广大区域内，即北从辽宁省南部辽东半岛，南至安徽北部，江苏北部，西达甘肃东部天水一带，向东直至山东省滨海。这一分布地域，与我国暖温带落叶阔叶林区域基本相符。在华北平原最高海拔可达 1 100～1 600 米，在海拔 200～500 米范围内的沟谷和阶地有毛白杨天然林分布。

毛白杨中心分布区在华北大平原，年平均气温 14℃左右。7 月份平均气温 28℃以上，极端最高气温 43℃，年降水量 500～700 毫米，属于典型的暖温带半湿润气候区，其中河北平原分布更为集中，是河北省重点栽培树种。

二、生态特性

（一）喜光不耐庇荫

毛白杨对光照很敏感，不耐上方庇荫，尤其在幼林期，幼龄树的顶端优势极强,需要充足的阳光才能正常良好生长,如果栽培密度稍大(如 3 米×3 米),第三年郁闭度即可达到 0.8 以上。林分达到郁闭状态,对喜阳喜光的毛白杨生长不利。

(二)喜凉爽湿润的气候条件

毛白杨喜生长在凉爽湿润的气候条件,如果栽植在燥热的地方,必须有充足的地下水或有充沛的灌溉条件,否则生长缓慢。

(三)喜疏松肥沃土壤

毛白杨喜疏松、透气性好、水肥条件好的沙质土壤,在 pH 值 6.5～8.0 的微酸性至微碱性沙壤土和中壤土上生长良好,在农村四旁、农地边埂、沙荒土、低山沟谷地和阶地上,在黄泛区粉沙壤土、河滩地壤质潮土、沙潮土、黄河淤积滩地上生长良好。在山地丘陵区的褐土地,沙丘地上的黄潮土、粗沙土或中沙土、风积落沙土上生长不良。

(四)深根性主根发达

毛白杨属深根性树种,主根在土层 40～60 厘米处是根系密集发达生长层,能够充分吸收土壤中的水肥,保证生长良好。如果遇有土壤板结层、黏土层或结核层,主根不能向下穿透,导致主根发育不良,吸收根减少,影响林木生长发育。

三、物候期规律及病虫害

(一)毛白杨的 10 个物候期

在华北平原,毛白杨的生长过程根据物候相的变化可划分为 10 个时期,即:芽膨胀和树液开始流动期;芽展开和叶初展期;春季营养生长期;春季封顶或高生长减缓期;夏季营养生长期;夏季营养生长减缓期;第二次夏季营养生长期;夏季封顶和芽发育期;落叶和芽发育期;冬季休眠期。

（二）物候期起止时间因地而异

在华北平原毛白杨各物候期开始和结束时间,因年度气温不同和地区间气温的差异而有差异。一般是:雄花芽在旬平均气温1.2℃时(河北平原在2月下旬)开始发育,4月上旬5.9℃时绽放,10.5℃时花落完。营养枝发育在3月下旬平均气温7.9℃时开始膨大,13.3℃时开始放叶。春季生长期平均气温在13.5℃～17.0℃。5月上中旬是春季封顶期,平均气温为19.5℃。气温在21.8℃～29.5℃为夏季生长旺盛期,至气温降至18.9℃～19.0℃的9月上旬开始落叶。至11月上旬,气温在0.9℃时,开始大量落叶。在北京地区毛白杨生长期共210天左右。

（三）破肚子病普遍存在,其他病虫害轻微

毛白杨在华北平原破肚子病比较普遍,即在树干的南面或西南面的树皮,常在晚冬或早春被冻裂,形成从下到上长度不等的裂缝,严重地危及木质部,形成木质部溃烂,往往溃烂而不能愈合。这种病状在华北平原比较普遍,应在幼林期开始在树干上涂白色涂料,降低树干昼夜温差过大;以减少冻裂危害程度。

无论是叶部病虫害还是树干部位的虫害,对毛白杨的危害都比较轻微,这方面与近几十年引进的一些美洲黑杨或欧美杨相比,可谓一枝独秀。即使在某地某时发生病虫危害,一般都不会成灾。毛白杨能够几千年生存下来,与其抗病虫能力有着直接的内在关系。

四、生长规律

（一）不同立地条件林木生长水平

在河北省河北平原在不同土壤质地,不同地下水位和不同地下水埋藏深度的立地条件下生长的毛白杨人工林生长水平如表

4-1 所示,从中可以看出:

第一,地下水埋藏深度对毛白杨生长有一定影响,在地下水位2米和2米以内对毛白杨生长有利,超过4米或5米,毛白杨生长会有所下降。

第二,土壤质地对毛白杨生长影响较大,土质疏松、透气性良好的沙壤土、壤土,易于根系穿透,加之土壤含水量较高,有利于毛白杨生长,在沙土、地下水埋藏较深的不利于毛白杨生长。

第三,河北大平原海拔高度对毛白杨生长不会有明显影响。

在河南省豫北、东、西、中不同地区设置毛白杨人工林,经过15~20年后,收集生长数据列于表4-2,从表中可知:

第一,在造林后1~3年内在林内进行林粮间作,对毛白杨生长有利。豫东地区,在相同的立地条件上,林内间作与否,对毛白杨生长影响:年平均生长量胸径增加 0.53 厘米,树高增加 0.17米,蓄积量增加 8.79 米³/公顷。

第二,沙丘地和丘陵地,不利于毛白杨生长,可用于水土保持,防风固沙,不宜营造丰产用材林。

(二)雌、雄株生长量差异显著

毛白杨雌、雄株生长特性差别显著,是杨树属各品种中所少见的。根据有记录可查,在河南省、河北省、陕西省、山东省调查结果分析,雌株较雄株长得快,尤其在树龄 10 年以前更为显著。10 年以后,雌株优势逐渐减少,但仍然优于雄株。表 4-3 是河北省邯郸地区毛白杨人工林雌、雄株生长速度对比,表 4-4 是毛白杨防护林雌、雄株生长速度对比。

(三)人工林生长规律

将华北平原毛白杨主要生长地区的有关毛白杨人工林生长规律资料,列于表 4-5 至 4-7 中。表中数据表明,在华北平原毛白杨生长属于中等水平。胸径年平均 1.5~2.0 厘米,10 年可达 16~22

表 4-1　河北平原不同立地条件毛白杨人工林生长对比表

单位:胸径:cm;树高:m;蓄积量:m³/hm²

立地条件	株行距(m)	林龄	总生长量			年平均生长量		
			胸径	树高	蓄积量	胸径	树高	蓄积量
海拔80m冲积沙土,土层深厚,地下水位2m	4×4	11	15.6	17.1	83.06	1.41	1.57	7.55
海拔100m山麓,沙壤土,地下水位1.5m	4×4	20	26.8	27.7	364.38	1.32	1.38	18.21
海拔70m河谷河漫滩地,沙壤土,地下水位1.5m	4×4	23	28.6	29.1	432.11	1.24	1.26	18.79
海拔50m草甸土,厚土层轻壤土,地下水位1.7m	4×4	11	18.9	18.7	131.16	1.72	1.70	11.92
海拔35m平原滩地,沙质土,地下水位5m	4×4	15	16.0	15.6	80.98	1.06	1.04	5.40
海拔95m河流故道,沙质土,地下水位5m	4×4	16	17.4	13.6	85.46	1.08	0.85	5.34
海拔20m草甸土,沙土,地下水位4m	4×4	19	20.2	16.0	131.66	1.06	0.84	6.92

表 4-2 河南省不同立地条件毛白杨人工林生长对比表

单位:胸径:cm,树高:m,蓄积量:m³/hm²

立地条件	株行距 (m)	树龄	总生长量			年平均生长量		
			胸径	树高	蓄积量	胸径	树高	蓄积量
豫北平地,林粮间作3年	4×4	16	23.9	18.1	203.93	1.49	1.13	12.75
豫东平地,林粮间作3年	4×4	15	24.2	16.8	209.07	1.61	1.12	13.94
豫中平地,林粮间作3年	4×4	16	22.6	17.3	175.07	1.41	1.08	10.98
豫北沙丘地	4×4	20	20.8	19.0	160.89	1.04	0.95	8.04
豫西丘陵	4×4	15	12.2	10.6	34.25	0.81	0.71	2.28
豫东平地,无间作	4×4	15	16.2	14.3	77.24	1.08	0.95	5.15

表 4-3 毛白杨雌、雄生长量的比较表

地 点	树龄(a)	平均胸径(cm)			平均高(m)			平均单株材积(m³)		
		雌株	雄株	雌:雄(%)	雌株	雄株	雌:雄(%)	雌株	雄株	雌:雄(%)
邯郸地区漳河林场	7	14.1	11.0	128	13.5	10.5	128	0.094	0.045	209
邯郸地区漳河林场	8	14.2	8.3	171	14.6	11.5	127	0.118	0.027	437
邯郸地区卫东林场	18	18.5	14.3	129	17.7	15.7	112	0.146	0.095	153
邯郸地区漳河林场讲武城林区	11	16.4	13.8	112	14.3	13.5	105	0.112	0.082	136

表 4-4 毛白杨雌雄株生长量比较表

树 种	树龄(a)	栽植方式	距离(m)	树高(m)	胸径(cm)	材积(m³)	土 壤
毛白杨(雄)	11	沿路2行	1	15.6	13.7	0.0864	沙 壤
毛白杨(雌)	10	沿路2行	1	19.0	17.9	0.1626	沙 壤
毛白杨(雄)	23	沿路2行	2	13.0	20.5	0.2215	沙 壤
毛白杨(雌)	23	沿路2行	3	14.0	22.1	0.2697	沙 壤

表4-3、4-4摘录自河北森林编委会《河北森林》第150页，中国林业出版社，1988年11月。

厘米,15 年可达 22～30 厘米,20 年可达 40 厘米以上。树高年平均生长 1.2～1.8 米,10 年可达 13～18 米,15 年可达 20～28 米,蓄积量 10 年可达 72.7 米³/公顷,15 年 184.7 米³/公顷,是比较理想的丰产水平用材林。

表 4-5　河北省易县梁各庄毛白杨人工林树干解析生长进程表

单位:胸径:cm,树高:m,材积:m³

树龄	总生长量			年平均生长量			连年生长量			胸高形树
	胸径	树高	材积	胸径	树高	材积	胸径	树高	材积	
1	0.7	2.07	0.00010	0.7	2.07	0.00010				1.208
2	1.8	2.48	0.00065	0.9	1.42	0.00033	0.7	2.02	0.00010	0.915
3	3.0	4.60	0.00180	1.0	1.53	0.00060	1.1	1.77	0.00056	0.551
4	4.8	6.60	0.00653	1.2	1.56	0.00163	1.2	1.76	0.00155	0.547
5	7.2	8.60	0.01606	1.44	1.72	0.00321	1.8	2.0	0.00473	0.472
6	9.5	10.60	0.03097	1.59	1.77	0.00516	2.4	2.0	0.00953	0.414
7	11.4	12.60	0.05471	1.63	1.80	0.00782	2.3	2.0	0.01491	0.425
8	13.0	14.60	0.08476	1.63	1.83	0.01060	1.9	2.0	0.02374	0.437
9	14.3	16.60	0.12238	1.59	1.84	0.01471	1.6	2.0	0.03005	0.459
10	16.1	18.60	0.16915	1.61	1.86	0.01692	1.3	2.0	0.03762	0.446
11	17.3	20.60	0.19809	1.57	1.87	0.01800	1.8	2.0	0.04677	0.407
12	19.1	22.60	0.26045	1.59	1.88	0.02170	1.8	2.0	0.02894	0.402
13	20.3	24.60	0.31536	1.56	1.89	0.02426	1.8	2.0	0.06236	0.396
14	21.4	27.28	0.40590	1.53	1.95	0.02899	1.2	2.0	0.05491	0.414

续表 4-5

树龄	总生长量			年平均生长量			连年生长量			胸高形树
	胸径	树高	材积	胸径	树高	材积	胸径	树高	材积	
15	22.4	27.96	0.46182	1.50	1.86	0.03079	1.1	2.68	0.09054	0.423
16	23.7	28.64	0.57752	1.48	1.79	0.03259	1.0	0.68	0.05592	0.400
17	25.0	29.32	0.66055	1.47	1.72	0.03397	1.3	0.68	0.04361	0.401
18	26.0	30.00	0.71584	1.44	1.67	0.03670	1.3	0.68	0.07209	0.415
带皮	27.0	30.00							0.05303	0.417

表 4-6　毛白杨人工林生长过程表

地址：河南省豫北平原武陟县　　　沁河流域滩地,壤质沙土

单位：胸径:cm,树高:m,材积:m³/hm³　　　株行距:4m×4m

树龄	总生长量			年平均生长量			连年生长量		
	胸径	树高	蓄积量	胸径	树高	蓄积量	胸径	树高	蓄积量
2	2.30	4.10	0.5503	1.15	2.05	0.2752			
3	3.11	4.81	1.1467	1.04	1.60	0.3822	0.81	0.71	0.5964
4	4.02	5.92	2.2721	1.01	1.48	0.5680	0.91	1.11	1.1254
5	5.57	6.60	4.7651	1.11	1.32	0.9530	1.55	0.68	2.4930
6	7.23	7.52	8.9327	1.21	1.25	0.4888	1.66	0.92	4.1676
7	9.89	9.01	19.3816	1.41	1.29	2.7689	2.66	1.49	10.4489
8	12.81	10.54	36.9746	1.60	1.32	4.6218	2.92	1.43	17.5930
9	14.52	12.01	52.8902	1.61	1.33	5.8767	1.71	1.47	15.9156
10	16.24	13.48	72.7542	1.62	1.35	7.2754	1.72	1.47	19.8640

续表 4-6

树龄	总生长量			年平均生长量			连年生长量		
	胸 径	树 高	蓄积量	胸 径	树 高	蓄积量	胸 径	树 高	蓄积量
11	17.35	14.66	88.9793	1.58	1.33	8.0890	1.11	1.18	16.2251
12	18.60	15.87	109.1586	1.55	1.32	9.0966	1.25	1.21	20.1793
13	19.88	17.41	134.5836	1.53	1.34	10.3526	1.28	1.54	25.4250
14	20.93	18.94	159.8987	1.50	1.35	11.4213	1.05	1.51	25.3151
15	22.02	19.95	184.7129	1.47	1.33	12.3142	1.09	1.01	24.8143
16	23.01	20.94	205.8945	1.44	1.31	12.8684	0.99	0.99	25.1816

表 4-7 华北平原地区毛白杨人工林生长过程表

单位:胸径:cm,树高:m,材积:m³

树龄	总生长量			年平均生长量			连年生长量		
	胸 径	树 高	单株材积	胸 径	树 高	单株材积	胸 径	树 高	单株材积
2	1.10	2.0	0.00023	0.55	1.00	0.00012			
4	2.50	4.3	0.00137	0.63	1.08	0.00034	0.70	1.15	0.00057
6	6.45	8.3	0.01474	1.08	1.38	0.00246	1.98	2.00	0.00668
8	14.10	12.0	0.09255	1.77	1.50	0.01156	2.82	1.85	0.03981
10	22.10	16.0	0.24823	2.21	1.60	0.02492	4.00	2.00	0.07334
12	27.35	18.0	0.40656	2.28	1.50	0.03388	2.65	1.00	0.07867
14	32.40	20.0	0.62832	2.31	1.43	0.04488	2.52	1.00	0.11088
16	37.60	21.8	0.91324	2.36	1.36	0.05707	2.60	0.90	0.14241
18	42.30	22.8	1.22274	2.35	1.27	0.06793	2.35	0.50	0.15475

续表 4-7

树龄	总生长量			年平均生长量			连年生长量		
	胸 径	树 高	单株材积	胸 径	树 高	单株材积	胸 径	树 高	单株材积
20	47.50	23.6	1.53868	2.38	1.18	0.07693	2.60	0.40	0.15800
21	49.00	23.8	1.67345	2.33	1.13	0.07694	1.50	0.20	0.13477
带皮	50.80		1.80748			0.07869			

注:河南农业大学赵天榜教授根据河北、河南、山东等省数十件毛白杨人工林树干解析资料综合分析。

第二节 山 杨

一、分 布

山杨[*P. davidiana*(Dode)Guineir、*P. tremnla* L. var. *davidiana* (Dode) Schneid]是温带落叶阔叶树种,在我国分布非常广泛,这里主论东北平原和华北平原的中温带和暖温带半湿润区(即Ⅰ、Ⅱ、Ⅲ、Ⅳ杨树栽培区)周边山区的山杨林。

在中温带气候区,山杨主要分布在小兴安岭、完达山、张广才岭、老爷岭和长白山诸林区,在暖温带气候区山杨主要分布在燕山及太行山林区。

小兴安岭、完达山直至老爷岭和张广才岭的海拔 600 米以下的低山丘陵区是黑龙江东部地区山杨分布的主要区域,山杨适生土壤有暗棕壤和白浆土。年平均气温 2℃~4℃,1 月份平均气温-21℃~-18℃,7 月份平均气温 22℃,≥10℃年积温2 300℃~2 500℃,年降水量 500~600 毫米。在三江平原苔草沼泽地区,地形平坦,海拔 50~60 米,多为冲积平原、湖积平原、堆积平原、堆积侵蚀平原,亦有山杨林分布,主要土壤有暗棕壤、白浆土、草甸土和黑土和沼泽土,气候温凉湿润。年平均气温 0℃～3℃,1月份平均气温－22℃～－18℃,7 月份平均气温 20℃,≥10℃年积温 2 300℃～2 600℃,年降水量 500～600 毫米,在这一地区的低山和残丘、平原及台地分布有山杨林。

在老爷岭及长白山林区,山杨多分布在长白山林区海拔300～800 米的低山丘陵地带,但在和龙市境内山杨却分布在海拔1 100～1 200 米的阴向地带。在威虎岭——龙岗山连线以西和老爷岭——吉林哈达岭连线以东的狭长地带的次生阔叶林中,在山坡地多为山杨林、白桦林或山杨白桦混交林。山杨适宜生长土壤有棕色森林土、白浆土、生草森林土、沼泽土。在海拔 700 米左右的地区,年平均气温 2℃～2.5℃,1 月份平均气温－17.8℃,7 月份平均气温18.2℃,极端最低气温－40℃,≥10℃年积温 1 900℃～2 000℃,年降水量 520～750 毫米,无霜期 120～140 天分布有山杨林。

位于冀北和北京北部的燕山山脉,在海坨山、百花山、灵山海拔 700 米以上分布有山杨林,土壤多为山地褐土、山地棕壤,年平均气温 9℃～11℃,≥10℃年积温 3 600℃～4 000℃,无霜期 170～180 天,年降水量 450～600 毫米。太行山北段在海拔 700～1 500米,以土石山地貌为主,成土母质均为冲积、洪积交错分布的砾石沙土、沙土和黄土,年平均气温 4℃～6℃,≥10℃年积温2 500℃～3 000℃,无霜期 100～140 天,年降水量 400～500 毫米。在太行山冀西石质山地,海拔 700～2 300 米的中山、低山、丘陵、岗梁分布有山杨林,成土母质多为片麻岩、石灰岩、灰色沙页岩,土壤多为山地褐土和山地棕壤,年平均气温 9℃～13℃,≥10℃积温3 500℃～4 500℃,无霜期 170～200 天,年降水量 520～600 毫米。太行山南段山地为石质山脉和黄土高原东南部边缘残垣沟壑组成,在中山地带多为侵蚀石质低山丘陵区,在海拔 700～2 000 米,成土母质以花岗岩、紫色沙页岩、灰色沙页岩为主,土壤多为石质性褐土、山地淋溶褐土、山地棕壤,年平均气温达到 13℃以上,一般为 10℃～14℃,≥10℃年积温 3 000℃～4 300℃,无霜期 160～190 天,年平均降水量 550～750 毫米。以上地区均分布有山杨树林。

二、植物组成及林分结构

(一)东北平原中温带周边林区

在小兴安岭、完达山、张广才岭、老爷岭及长白山林区,由于山杨和白桦林的生态习性和对生境的要求具有很多相似之处,在自然界常常共处于同一林分之中形成以两者为优势的阔叶混交林,在撂荒地和采伐迹地、火烧迹地上往往形成团块状小面积山杨林或白桦林。在原始林区,山杨林均为同龄林,但很少是绝对的纯林。组成比以 8 杨 2 桦为多。林内亦常伴生有紫椴、水曲柳、胡桃楸、色木、春榆、蒙古栎、黑桦等。在低海拔处,山杨林中常见伴生有紫椴、色木、水曲柳、春榆与阔叶树组成的Ⅱ层林木形成复层林。林下灌木有毛榛、乌苏里绣仙菊、珍珠梅等,草本植物有四花苔草、山茄子、木贼、大叶柴胡等。山杨林(杨桦林)依照林地立地条件和林木组成的不同,可划分为以下 4 种类型。

1. 陡坡山杨林(陡坡杨桦林) 主要分布在海拔 800～1 100 米低山上部陡斜坡或山脊处,多为半阴坡和阴坡,少见于半阳坡。林地坡度为 20°～40°,有残积和坡积石块。土壤为暗棕色森林土,生产力差,林木组成不稳定,往往是山杨纯林——山杨白桦混交林——白桦山杨混交林——白桦纯林。林相为单层,随着林龄增大,常出现紫椴等硬阔叶树种组成的Ⅱ层复层林。

2. 坡地山杨林(坡地杨桦林) 坡地山杨林是次生山杨林的主要类型,多分布于海拔 500～800 米的低山中腹,坡向以半阴坡和阴坡为主。一般以缓坡居多,土壤主要为坡积和原积母质上发育的中厚层棕色森林土,生产力较高。林木组成,以山杨或白桦为主,与蒙椴、蒙古栎、香杨等组成混交林或团状纯林。

3.台地山杨林(杨桦林)　多位于海拔 400 米左右的宽平台和平缓坡麓。坡度在 15°以下。常见于半阴坡或阳坡。土壤主要为黏土母质的白浆土和棕色森林土。林木组成多为山杨或白桦纯林或杨桦混交林。其他树种有蒙古栎、水曲柳、大黄柳、色木等。生产力略差于坡地山杨林。

4.低谷地山杨林　多分布于海拔 200~400 米之间的丘陵谷地。地下水位较高。土壤为淤积沼泽土。常见有白桦、水曲柳混交,生产力较高。

(二)华北平原暖温带周边林区

在燕山和太行山,山杨次生林多为纯林,按照林分所处的海拔高度、坡向和土壤厚度,将山杨林划分为如下 6 种类型。

1.中山阴坡厚土层山杨林　分布于海拔 1 500~2 000 米山地中下部,是太行山山杨垂直分布最高的山杨类型,山地坡度为 15°~20°,阴坡、半阴坡,土层厚 50~80 厘米,土壤为多腐殖质土、山地棕壤、黄土,肥沃而湿润,山杨多根蘖和萌芽林,林相整齐。在山杨纯林中,混生有落叶松、青杆、白杆、白桦、红桦等。

2.中山阴坡中土层山杨林　分布在海拔 1 500~2 000 米山地中部。山地坡度为 15°~20°,阳坡或半阳坡山地坡度 15°~20°,土层厚 30~60 厘米,土壤为中腐殖质土、山地棕壤土、黄土、中等肥沃,山杨林林相较完整,但长势较差。山杨林内混生有辽东栎、油松、落叶松。

3.低中山阴坡厚土层山杨林　分布于海拔 800~1 500 米的山地中部和下部。阴坡和半阴坡,坡度 20°~25°,土壤为多腐殖质山地棕壤或山地褐土,土层厚度达 60~80 厘米,肥沃而湿润,是太行山区山杨林生长发育较好的立地条件。林相整齐常常伴生有辽东栎、栓皮栎,华山松、油松、白桦、椴等。

4.低中山阴坡中土层山杨林　分布于海拔 800~1 500 米的

山地中、下部，阴坡和半阴坡，坡度 20°～30°，土壤为中腐殖质山地棕壤或山地褐土，土层厚度 30～50 厘米。中等肥力，稍湿润，山杨生产力中上等，林相整齐，伴生有辽东栎、栓皮栎、油松、华山松等。

5. 山谷平坦台地山杨林 分布于海拔 700～1 000 米的谷地平坦地区，土壤多为淋溶褐土和洪积黄土，土层厚 50～80 厘米，属中、厚腐殖质土壤。湿润，林相整齐，伴生有辽东栎、栓皮栎、油松。

6. 河流沿岸滩地山杨林 分布于海拔 600～800 米的河流、河沟沿岸的滩地或一级台地，土壤为淋溶褐土、冲积沙土、洪积黄土，土层厚度 40～80 厘米，较肥沃湿润，山杨生产力属中上等。由于多数为飞籽成林或根蘖成林，常常形成异龄复层林。

三、生长水平

山杨林在各林区由于气候条件和立地条件的差异，其生长水平有所差异。

(一)东北平原中温带周边林区

在小兴安岭海拔 400～500 米的阳坡、半阳坡、半阴坡的生长在坡地上的山杨林，10～20 年生为胸径生长旺盛期，30 年生即达到数量成熟，在疏密度 0.9～1.0 的山杨林，20 年生蓄积量可达 100 米³/公顷，50 年生可达 290 米³/公顷，100 年生达 400 米³/公顷，年平均生长量为 4～6 米³/公顷。在生长条件良好的立地条件下，80 年生平均胸径可达 40 厘米，树高 25 米，蓄积量 500 米³/公顷。生长在陡坡山脊地带，20 年生山杨林平均胸径只有 6.0 厘米，平均树高只有 10 米，但在坡地中腹地带，20 年生山杨林胸径可达 14 厘米，树高 4 米，二者因立地条件不同，生长量差异较大。

在完达山林区，在海拔 500～650 米山下腹沟边生长的 40 年生山杨林平均胸径 20 厘米，树高 19.4 米。山中腹半阳坡向 50 年生山杨林，平均胸径 30 厘米，平均树高 25 米。山下部平缓地阳坡

60 年生山杨林，平均胸径 35.5 厘米，平均树高 28 米。

在张广才岭，20 年生山杨林平均胸径 12 厘米，平均树高 13 米，蓄积量 140 米³/公顷。50 年生蓄积量可达 260 米³/公顷。在海拔 800 米的坡地，山杨萌蘖林，30 年生平均胸径可达到 20 厘米，平均树高 18 米，蓄积量 210 米³/公顷。

在长白山林区，在海拔 800 米的阴坡，10 年生山杨根蘖林胸径 4.82 厘米，树高 6.12 米，蓄积量 68.7 米³/公顷。20 年生胸径 10.5 厘米，树高 11.9 米，蓄积量 180.48 米³/公顷。40 年生胸径 21 厘米，树高 18.8 米，蓄积量 398.35 米³/公顷。位于吉林省东部老爷岭林区（汪清县响水河子）海拔 1 000 米的坡地上，山杨林 50 年生胸径可达 28.4 厘米，树高 22.7 米，蓄积量 716 米³/公顷。至 100 年生，胸径可达 44.4 厘米，树高 25.9 米，蓄积量 1797.8 米³/公顷，年平均达到 17.98 米³/公顷。

（二）华北平原暖温带周边林区

在燕山山脉承德林区，海拔 1 000 米阴坡厚土层山地棕壤林地，山杨次生林 16 年生胸径生长量为 8.6 厘米，树高 9.1 米，在每公顷林木株数 2 700 株的情况下，蓄积量可达 84 米³/公顷，至 30 年生胸径 11.0 厘米，树高 10.8 米，每公顷林木株数 2 200 株，蓄积量在 100 米³/公顷以内。在北京百花山林区，海拔 900 米阴坡中厚层山地棕壤林地，山杨次生林 20 年生胸径 9.2 厘米，树高 10.2 米，每公顷林木株数 2 500 株，蓄积量 96 米³/公顷。在太行山林区，海拔 1 200 米，中山阴坡石质山地棕壤，20 年生山杨次生林胸径 10.1 厘米，树高只有 7 米，蓄积量 38.39 米³/公顷；至 50 年生胸径增至 12.8 厘米，树高达到 9.3 米，蓄积量 79.33 米³/公顷。处于海拔 800 米的低中山阴坡山地棕壤地带，山杨次生林 20 年生胸径可达 11.7 厘米，树高 10.8 米，蓄积量 80.73 米³/公顷，至 50 年生胸径 20.5 厘米，树高 14 米，蓄积量 155.10 米³/公顷。太行山山脉南段的河南省灵宝县和渑池县的海拔 800 米和 850 米的阴坡半阴山山地淋溶褐土地带,山杨次生林 20 年生胸径为 4.7～4.8 厘米,树高 5.3～5.7 米,蓄积量可达 25.9 米³/公顷,50 年生胸径为 21.8～22.6 厘米,树高 14.6～15.1 米,蓄积量 347.3 米³/公顷。

从以上各林区山杨次生林生长数据分析,在各林区之间看不出有明显差异,只在同一林区内不同海拔高度,不同地形不同土壤等立地条件下,对山杨生长速度有所影响。从所展示的各林区山杨生长水平来看,山杨在同一林区中的阔叶树种之中,属于速生类型,但在杨树属白杨派树种中。由于适生条件不同无法做出明确对比,但从生长水平的具体数据来看只能属于中速生长水平。尽管如此,从山杨林生境条件及其本身的生态特性来看,仍应重视对山杨的开发研究以便能在我国山地出现速生高质量的山杨新品种。表 4-8 至表 4-14 是上述各林区山杨林的生长过程表,可作为山杨林生长规律的研究参考。

表 4-8　胡枝子山杨林生长过程
黑龙江省张广才岭林区

林龄	胸径生长（cm）			树高生长（m）		
	总	平　均	连　年	总	平　均	连　年
10	5.15	0.52	0.53	5.83	0.59	0.66
20	10.54	0.52	0.47	11.80	0.59	0.60
30	15.27	0.51	0.39	15.48	0.52	0.44
40	16.00	0.40	0.29	17.47	0.44	0.29
50	18.20	0.36	0.43	18.20	0.34	0.29
60	20.80	0.34	0.30	18.91	0.29	0.54

摘自《黑龙江森林》编委会,《黑龙江森林》. 第 198 页,东北林业大学出版社,1993.9。

第四章 白杨派杨树林

续表 4-8

林龄	胸径生长(cm)			树高生长(m)		
	总	平均	连年	总	平均	连年
10	4.59	0.46	0.54	5.53	0.52	0.54
20	9.10	0.45	0.42	10.89	0.51	0.51
30	12.40	0.41	0.38	14.83	0.48	0.48
40	16.01	0.40	0.34	16.00	0.46	0.43
50	19.20	0.37	0.29	19.92	0.44	0.30
60	23.05	0.38	0.35	21.58	0.40	0.09

摘自《黑龙江森林》编委会,《黑龙江森林》.第198页,东北林业大学出版社,1993.9。

表 4-9 吉林省东部地区山杨林生长过程表

老爷岭林区汪清县响水河子林区

单位:胸径:cm,树高:m,蓄积量:m³/hm²

树龄	总生长量			年平均生长量			连年生长量			每公顷立木株数
	胸径	树高	蓄积量	胸径	树高	蓄积量	胸径	树高	蓄积量	
10	4.0	6.0	77.045	0.40	0.60	7.704	0.40	0.60		21000
20	11.1	12.1	216.971	0.56	0.60	10.849	0.71	0.61	13.093	4320
30	18.1	16.6	349.587	0.60	0.55	11.653	0.70	0.45	13.262	2020
40	22.7	20.0	510.724	0.57	0.50	12.768	0.56	0.34	16.137	1610
50	28.4	22.7	716.006	0.57	0.45	14.320	0.47	0.27	20.528	1300
60	32.3	23.8	925.524	0.54	0.40	15.425	0.39	0.11	20.952	1250
70	35.9	24.6	1146.258	0.51	0.35	16.375	0.36	0.08	22.073	1220
80	39.0	25.1	1363.667	0.49	0.31	17.045	0.31	0.05	21.741	1210

续表 4-9

树龄	总生长量			年平均生长量			连年生长量			每公顷立木株数
	胸径	树高	蓄积量	胸径	树高	蓄积量	胸径	树高	蓄积量	
90	41.9	25.6	1586.144	0.47	0.28	17.624	0.29	0.04	22.247	1200
100	44.4	25.9	1797.829	0.44	0.26	17.978	0.29	0.03	21.168	1200

摘自《吉林森林》编委会,《吉林森林》. 第238页,吉林科技出版社,1988.12。

表 4-10　长白山台地山杨林生长过程表

立地条件:海拔 8 000m,阴坡,坡度 25℃

单位:胸径:cm,树高:m,蓄积量:m³/hm²

树龄	总生长量			年平均生长量			连年生长量			每公顷立木株数
	胸径	树高	蓄积量	胸径	树高	蓄积量	胸径	树高	蓄积量	
5	1.95	3.60	22.650	0.39	0.72	4.530				39500
10	4.82	6.12	68.714	0.48	0.61	6.871	0.57	0.50	9.213	12700
15	7.67	8.93	104.638	0.51	0.60	6.976	0.57	0.56	7.185	5600
20	10.51	11.91	180.480	0.52	0.60	9.024	0.57	0.60	15.168	4060
25	13.48	13.25	244.112	0.54	0.53	9.764	0.59	0.27	12.726	3090
30	16.20	15.46	272.027	0.54	0.52	9.068	0.54	0.44	5.583	2080
35	19.06	17.27	303.312	0.54	0.49	10.110	0.57	0.36	6.257	1530
40	21.01	18.80	338.350	0.53	0.47	8.459	0.40	0.31	7.008	1310
45	22.86	20.18	372.703	0.51	0.44	8.282	0.37	0.28	6.871	1250
50	23.56	21.97	406.178	0.47	0.44	8.124	0.14	0.35	6.695	1100

表4-11 太行山林区山杨次生林生长过程表

海拔:700~1100m,低中山阳坡,阴坡,山地棕壤　　单位:胸径:cm,树高:m,蓄积量:m³/hm²

林龄	总生长量				平均生长量			连年生长量			胸高形数	生长率(%)
	胸径	树高	株数	蓄积量	胸径	树高	蓄积量	胸径	树高	蓄积量		
5	5.0	6.7	2250	17.1225	0.50	0.67	3.4245				0.5785	
10	7.6	8.4	1950	40.3845	0.76	0.84	4.0385	0.52	0.34	4.6524	0.5435	18.50
15	9.8	9.6	1620	61.3890	0.65	0.64	4.0926	0.44	0.24	4.2027	0.5234	11.72
20	11.7	10.6	1390	80.7312	0.59	0.53	4.0366	0.38	0.20	3.8684	0.5096	8.41
25	13.4	11.3	1185	94.3616	0.54	0.45	3.7745	0.34	0.14	2.6464	0.4997	6.26
30	15.0	12.0	1030	107.3260	0.50	0.40	3.5775	0.32	0.14	2.5929	0.4914	5.35
35	16.5	12.6	920	120.0968	0.47	0.36	3.4313	0.30	0.12	2.5542	0.4845	4.49
40	17.9	13.1	840	132.5940	0.45	0.33	3.3149	0.28	0.10	2.4994	0.4814	3.89
45	19.3	13.6	765	144.1413	0.43	0.30	3.2031	0.28	0.10	2.3095	0.4736	3.42
50	20.5	14.0	715	155.0978	0.41	0.28	3.1020	0.25	0.08	2.1913	0.4693	2.81
55	21.8	14.4	660	165.0594	0.40	0.26	3.0011	0.25	0.08	1.9923	0.4650	2.74
60	23.0	14.8	615	174.5739	0.38	0.25	2.9096	0.24	0.08	1.9029	0.4616	2.58

本表于1993年由陈章水研制。

表 4-12 太行山林区山杨次生林生长过程表

海拔 1 200~1 800m,中山阴坡,土石山丘陵　　单位:胸径:cm,树高:m,蓄积量:m³/hm²

林龄	总生长量				平均生长量			连年生长量			胸高形数	生长率(%)
	胸径	树高	株数	蓄积量	胸径	树高	蓄积量	胸径	树高	蓄积量		
5	4.3	4.1	2250	8.6625	0.86	0.88	1.7325				0.6025	
10	6.6	5.6	1850	20.3550	0.66	0.56	2.0035	0.46	0.24	2.2746	0.5653	19.02
15	8.5	6.4	1520	30.0352	0.57	0.43	2.0024	0.38	0.16	1.9999	0.5444	11.69
20	10.1	7.0	1290	38.3904	0.51	0.35	1.9195	0.32	0.12	1.6710	0.5306	8.07
25	11.6	7.6	1095	45.7052	0.46	0.30	1.8282	0.30	0.12	1.4629	0.5197	6.70
30	13.0	8.0	975	52.9230	0.43	0.27	1.7641	0.28	0.10	1.4436	0.5112	5.22
35	14.3	8.4	885	60.1800	0.41	0.24	1.7194	0.26	0.08	1.4514	0.5040	4.49
40	15.5	8.7	810	66.2580	0.39	0.22	1.6565	0.24	0.06	1.3792	0.4983	3.68
45	16.7	9.0	750	72.8850	0.37	0.20	1.4577	0.24	0.06	1.3254	0.4930	3.44
50	17.8	9.3	705	79.3330	0.36	0.19	1.5867	0.22	0.06	1.2896	0.4883	3.01
55	18.9	9.6	655	85.3858	0.34	0.17	1.5525	0.22	0.06	1.2106	0.4840	2.85
60	19.9	9.8	620	90.8052	0.33	0.16	1.5134	0.20	0.04	1.0839	0.4805	2.33

本表于 1993 年由陈章水研制

第四章 白杨派杨树林

表 4-13 太行山林区山杨林生长过程表

河南省渑池县 太行山低中山,海拔850m,半阴坡厚土层淋溶褐土

单位:胸径:cm,树高:m,蓄积量:m³/hm²

林龄	总生长量			年平均生长量			连年生长量			每公顷立木株数
	胸径	树高	蓄积量	胸径	树高	蓄积量	胸径	树高	蓄积量	
10	0.65	1.66	0.466	0.07	0.17	0.047				13800
20	4.81	5.68	25.937	0.24	0.28	1.297	0.42	0.40	2.547	5120
30	9.63	9.07	61.995	0.32	0.30	2.067	0.48	0.34	3.606	2080
40	15.08	12.46	152.691	0.38	0.31	3.817	0.55	0.34	9.070	1610
50	22.56	15.08	347.313	0.45	0.30	6.946	0.75	0.26	19.462	1400
60	26.18	16.72	454.508	0.44	0.27	7.575	0.36	0.16	10.720	1250
70	29.03	17.80	555.315	0.41	0.25	7.933	0.29	0.11	10.081	1180
80	31.46	18.21	630.544	0.39	0.23	7.882	0.24	0.04	7.523	1120

表 4-14 太行山林区山杨林树干解析生长过程表

河南省灵宝县河西林场 太行山低中山海拔800米厚土层阴坡淋溶褐土

单位:胸径:cm,树高:m,蓄积量:m³/hm²

林龄	总生长量			年平均生长量			连年生长量		
	胸径	树高	材积	胸径	树高	材积	胸径	树高	材积
10	0.6	1.6	0.00030	0.06	0.16	0.000030			
20	4.7	5.3	0.00539	0.24	0.27	0.000269	0.41	0.37	0.000509
30	9.5	8.9	0.03207	0.32	0.30	0.001069	0.48	0.36	0.002668
40	10.9	12.2	0.10703	0.27	0.31	0.002676	0.14	0.33	0.007496

续表 4-14

林龄	总生长量			年平均生长量			连年生长量		
	胸径	树高	材积	胸径	树高	材积	胸径	树高	材积
50	21.8	14.6	0.26262	0.44	0.29	0.005252	1.09	0.24	0.015559
60	25.8	15.9	0.39735	0.43	0.27	0.0066225	0.40	0.13	0.013473
62	26.5	16.2	0.42841	0.43	0.26	0.006910	0.35	0.15	0.015530
带皮	(27.5)	16.2	0.47423						

第三节　几种白杨派杂交品种

一、银中杨

(一)起　源

银中杨(*P. alba* L. ×*P.* ×*brolinensis* Dipp. cv. yinzhong)是白杨派银白杨为母本与黑杨派中东杨为父本的杂交种,是黑龙江省防护林研究所(现为黑龙江省森林环境科学研究院)沈清越、黄德丛、刘雅琴通过杂交育种选育成功,于 1984 年通过鉴定,1991年列为黑龙江省林业厅优良品种推广项目,1996 年列为林业部推广项目。

(二)形　态

树干圆满通直,树皮青白色平滑或灰绿色披白粉,分枝条以40°～50°角度向上伸展,形成特有的圆锥形树冠。以树干色调和树冠形态组合成十分美观典雅的特殊树形。

除此之外,银中杨的基本形态是:树干皮孔菱形,小枝圆筒状灰绿色,萌枝和长枝叶叶片大、卵形掌状3～5裂,长5～10厘米、宽4～7厘米,先端钝尖,基部楔形或圆楔形,叶表面暗绿色,背面披有白茸毛。短枝叶较小,先端钝尖,基部楔形,边缘有不规则波状钝齿,表面光滑暗绿色,背面披有白茸毛。雄性不飞絮。

(三)生态特性

1. 抗寒性很强 在黑龙江省西部松嫩平原,如齐齐哈尔市、北安市等地区,在－39.5℃低温条件下,在三江平原－38.9℃条件下的20年栽培历程中,无任何冻害现象,从未出现诸如冻梢、树干冻裂等症状。近10年来,在吉林省松花江流域、辽宁省中、西部辽河平原栽种,都在低温条件下越冬,未见任何冻害现象。

2. 耐旱性能比较突出 在黑龙江省嫩江中游的富裕县,在1995—1997年3年期间,在年平均气温1.0℃、年降水量290～298毫米、没有任何灌溉的条件下,仍能正常生长,年平均生长量胸径达1.0厘米,树高0.9米。内蒙古自治区赤峰市,在年平均降水量400毫米的半干旱气候条件下,生长正常,旺盛。

3. 抗病虫害能力较强 在黑龙江省松辽平原、三江平原,可见个别烂皮病现象,在松辽平原、辽河平原、内蒙古半干旱气候区未见有烂皮病等类似病状。树干完整,形体圆满。在苗期可见白杨透翅蛾危害,应注意防范。未见天牛等干部害虫危害现象。在辽宁省西部及内蒙古东部,有白杨透翅蛾、青杨天牛、杨干象危害。

4. 适生环境 适生于排水良好的沙壤土、草甸土、潮土,在pH值6.5～8.0条件下能正常生长,对土壤适应条件较强。在气候条件方面,适生于中温带半湿润气候区。但在半干旱地区亦生长正常,适宜年平均降水量350～600毫米,年平均气温10℃～5℃,极端最低气温－40℃。

(四)生长、林种及地理分布

1. 生长 经过近20年的栽种和观测,银中杨在嫩江流域年平均生长量,胸径为 1.0~1.2 厘米,树高 0.8~1.0 米。在立地条件较好的地带,12 年生平均胸径可达 17.6 厘米,树高 13.4 米。在三江平原年平均生长量胸径可达 1.2~1.5 厘米,树高 1.0~1.3 米。在吉林省长春市及郊区胸径及树高生长与三江平原生长水平相当,在辽宁省辽河平原,生长量较高,年平均生长量胸径 1.5~2.0 厘米及以上,树高 1 米左右。

2. 林种 鉴于银中杨圆锥形树冠和青白色明亮的树干独特的树形、掌状暗绿灰白的色彩树叶和雄性不飞絮的特性,完美地构成了城市绿化的首选树种,因此 20 多年来,银中杨主要用于城市绿化、公园景观、街道行道树和公路两侧行道树、小块状景观风景林,少见用于选生用材林。

3. 地理分布 银中杨起源于黑龙江西部的嫩江流域,1984 年经黑龙江省林业厅推广,逐步在松辽平原、三江平原一些城市和城郊公路、公园、乡村四旁得到广泛栽种,取得了很好的绿化美化的社会效益和生态效益。1996 年被定为林业部推广良种之后,进一步在黑龙江、吉林、辽宁三省,即中温带半湿润气候区的平原地区得到栽培。21 世纪初,辽宁省正式将银中杨定为辽宁省首选杨树品种。同期,在内蒙古东部部分地区有不同程度的引种栽培。

二、银山杨、山×银山杨

(一)起 源

银山杨[$P.\ alba$ L. ×$P.\ davidiana$(Dode.)Guineir]、山×银山杨[$P.\ davidiana$(Dode.)Guineir]×[$P.\ alba$ L. ×$P.\ davidiana$(Dode.)Guineir]是黑龙江省林业科学研究所于 1962 年开始至 1976 年完成的杂交新品种。其母本银白杨来自吉林省白城市,父本山杨来自带岭林区。参与本项研究的科技人员,以刘培林研究员为首,还有朴顺伊、赵吉恭、于君喜、赵凤臣。研究成果发表于

1993 年 12 月黑龙江科学技术出版社《山杨育种研究》第 91～100 页。发表时原名为银山 1333 杨和山×银山 1132 杨。

（二）形态特征

1. 银山杨　树干通直挺拔，树皮光滑灰白色，皮孔菱形分布均匀，侧枝细，芽长椭圆形，短枝叶 5～6 个近一簇，叶圆形，长 4～5 厘米、宽 3～4 厘米。叶中脉与第二对叶脉夹角呈 45°，叶柄长 3～4 厘米，长枝叶心形。雄性，雄蕊 5～7 个，花序长 5.5～9.5 厘米，小花 80～120 朵。

2. 山×银山杨　树干通直，树皮光滑灰白色—青白色，皮孔菱形分布均匀。芽长椭圆形，侧枝细，基本形态除树皮颜色稍有差别外，其余形态与银山相近似。叶尾长 4～5 厘米、宽 3.8～5.0 厘米，叶圆形基部平直，叶尖短尖。雄性，雄花序长 4～7 厘米，雄蕊 5～10 个。

（三）生态特性

1. 耐寒性和耐旱性能强　传承了银白杨和山杨的优良特性，对生长环境的适应性很强，是一种耐寒、耐旱的品种。在松嫩平原和三江平原极端最低气温—40℃条件下，无冻害，生长良好，在年平均降水量 400 毫米的肇东、肇州，在缺少灌溉的条件下，生长正常，无枯梢等不良现象。

2. 对土壤适应能力强　对土壤类型要求不严，在黑钙土、白浆土、灰棕壤、草甸土、河岸冲积沙土上都能生长成林，因此其地理适应范围较广。

3. 对立地条件适应性广泛　属于阳性树种，适宜生长在阳坡、半阳坡、半阴坡的立地条件，但亦表现有耐阴性能，在阴坡阳光较少的地带，亦能生长，传承了山杨适应立地条件的基本特性。同时，亦适生于平原地区，在松嫩平原、三江平原以及松辽平原的平地、滩地、台地都能正常生长，传承了银白杨的生态习性。

4. 有很强的萌蘖能力 传承了山杨和银白杨的特长，根系一般横展于土壤的 20～30 厘米内，在这些侧根上生长有很多不定芽，有很强的萌蘖能力。在 5～10 年生的林内，只要稍加松土整地，即可萌发生很多小幼苗。冬春即可挖根取苗。亦表现出白杨派固有的特性，即采用插穗进行无性繁殖难度较大。

（四）科研成就与前景分析

1. 科研成就 生长在山地的原生树种山杨和生长在河谷及平原地带的银白杨，能够通过人工杂交成为一个全新的杨树新品种，至今仍然属于首例。在 1962—1976 年间成就这一成果，更显得难能可贵。

2. 前景分析 银山杨和山×银山杨是半湿润中温带气候区十分可贵的杨树品种，有效而积极利用显得十分重要。建议研究以下几方面的技术问题。

第一，利用其根蘖能力强的特点，有效地创造根蘖繁殖的条件，大量繁殖根蘖苗。

第二，借鉴新疆杨、银白杨、毛白杨等白杨派无性育苗的成熟技术，进行大规模的培育无性系苗木。在我国具备着多种白杨派育苗创新技术，有效地应用于银山杨和山×银山杨无性系苗木繁育，必定是成功之途径（参见第七章）。

第三，鉴于银山杨和山×银山杨的耐寒、耐旱和对立地条件适应能力强的特点，将其用于水土保持林、防护林、城市绿化林、公园风景林其作用将更加明显。

第四，在我国半湿润中温带气候区的黑龙江省、吉林省、辽宁省以及半干旱区的内蒙古自治区、宁夏回族自治区、甘肃省及新疆维吾尔自治区北部进行科学布点，进行区域性推广试验，力争在短期内进行大面积推广应用。

第四节　窄冠白杨

一、起　源

窄冠白杨 1、3、4、5、6（P. *leueoppyramidalis*-1、-3、-4、-5、-6）是山东农业大学职业技术学院庞金宣先生通过杂交及多年多点无性系对比试验选育而成。荣获山东省科技进步奖二等奖、国家发明奖三等奖。1997 年山东省林业厅鲁林函科字[1997]3 号文：关于实施《山东省适于近期推广应用的优良杨树品种技术意见》的通知中提出：在鲁西北区和泰沂山北麓区适宜栽种窄冠白杨 3、5、6号，鲁西南区、鲁南区、胶东区适宜栽种窄冠白杨 3 号。

窄冠白杨的亲本是：

1 号、5 号：南林场 X 毛新杨。

3 号、4 号：响叶杨 X 毛新杨。

6 号：毛新杨 X 响叶杨。

二、形态特征

山东省林业厅鲁林函科字[1997]3 号文《山东省适于近期推广应用的优良杨树品种技术意见》对窄冠白杨的形态有以下描述：

1. 窄冠白杨 3 号　主干通直，树冠窄，侧枝直立较粗，易形成竞争枝，粗大侧枝下方主干形成浅槽。深根性、耐寒性、耐旱性很强。材积生长高于易县毛白杨雄株。

2. 窄冠白杨 5 号　主干通直，树冠塔形，冠幅略大于 3 号，侧枝较粗，耐寒、耐旱性能与 3 号相当。

3. 窄冠白杨 6 号　主干通直，树冠塔形，侧枝较细，分枝较均匀。适应性与抗寒性与 3 号相近。

　　另有记载：窄冠白杨1、3、4、5号为雄株，6号为雌株。

　　庞金宣先生发表于2001年第4期林业科技通讯第8页的《窄冠形杨树新品种的选育》一文描述5种窄冠白杨的形态特点是：

　　①树冠窄，冠幅仅有一般毛白杨的 1/3～1/2；

　　②根系深、根幅小、根系斜向下生长；

　　③生长快、单株材积超过一般毛白杨60％以上，3、4、5、6号能超过毛白杨优良类型——易县毛白杨雌株；

　　④树形美观，并且不会因种子成熟时飞毛污染环境，适合城区栽培；

　　⑤侧枝较小，几乎与主干平行，栽培时应及时修除粗大侧枝，以免形成主干竞争枝。

三、适宜林种

　　5种窄冠白杨兴起于山东，10多年来在山东省滨州市、惠民县、邹平县及河北省的魏县，以及华北平原不少县市得到栽植和发展，在北京市城、郊区亦有种植。是华北平原暖温带半湿润气候区少有的白杨派杂交品种。实践证明，由于窄冠白杨冠窄根深，与农作物的光照、水分、养分的矛盾很小，是林农间作的首选杨树品种。据庞金宣先生测验，在4米×15米的间作条件下，树龄11年仍然基本不影响农作物产量，在防止干热风的危害方面，起到了积极有效的作用，有利于小麦灌浆，保证了玉米的稳产。由于窄冠白杨树形美观，树皮白色明亮，春季无飞絮污染环境的现象出现，因而又是美化环境的城市绿化、公园布景的理想树种，已在北京城区的一些公园得到选用，效果良好。但由于其木材生长量不及欧美杨等速生树种，在用材林营造方面，已逐渐被欧美杨取代。

第五章　美洲黑杨林

第一节　中林 46 杨

一、起　源

中林 46 杨（*P. deltoides* Bartr. Cl. 'Zhonglin-46'）是中国林业科学研究院林业研究所黄东森研究员的研究成果。是以美洲黑杨为母本,钻天杨和俄罗斯杨混合花粉为父本杂交培育而成。于1978 年取得杂种,历经 14 年的繁殖区域性试验和造林应用,于1991 年通过鉴定并以我国自行培育的优良杨树品种加以推广。

从树皮的颜色和形态上,中林 46 号可分为青、青灰和灰褐色。粗皮、光皮和细皮 3 种类型。中林 46 杨的无性系尚有中林 14、23、28、490、478、716 6 个无性系。

二、形态特征

高大乔木,树冠窄长卵形,顶端优势明显,树干通直,短枝叶三角形,先端细窄渐长,基部截形,嫩枝微红色,有浅黄色黏液,雌株。

三、生境及抗性

中林 46 杨适生于暖温带半湿润气候区,是华北大平原久经考验的杨树优良的主栽品种,其适生环境可归纳为以下几点。

(一)气候条件

年平均气温 10℃～15℃,1 月份平均气温－10℃～2℃,7 月份平均气温 20℃～28℃,极端最低气温－28℃,极端最高气温 41℃,无霜期 180～220 天,年降水量 500～900 毫米。

(二)适宜地形

适生于河滩地,一级台地、二级台地及平原地带,地下水埋藏以 2～3 米为宜,超过 3 米须加强灌溉。

(三)适宜土壤

适宜生长的土壤主要有草甸土、沙土、潮土、沙姜黑土和壤土。要求土壤质地疏松,透气性良好,土壤 pH 值 6.0～8.5。在含盐量 0.2%～0.3%的土地上生长良好,超过 0.3%生长不良。

(四)抗病虫害性能

在华北大平原 30 多年的栽培历史过程中,实际营造速生用材林及农田防护林数万公顷,经专业技术人员调查、考察和群众观察反映,没有发现有光肩星天牛、云斑天牛、白杨透翅蛾等蛀干害虫的危害。未发现树干冻裂现象和杨树腐烂病、杨树溃疡病。在整个生长期间,保持树干的完整性。在叶部病虫害方面,可见零星的杨树卷叶蛾或杨树毒蛾危害。

四、生长水平

笔者和赵天锡、杨志敏博士在 20 世纪 80～90 年代,在河北省望都县唐河沿岸进行杨树丰产林定位试验研究,其中设置了中林 46 号杨 3 米×6 米和 4 米×6 米两种栽培密度的丰产林各 16.67 公顷,经过 10 年的定位定株观察和测量,其历年生长数据列于表 5-1 和表 5-2。笔者与赵天锡于 20 世纪 90 年代初在河南省沁阳市沁河沿岸一级台地观测调查 4 米×5 米栽植密度的中林 46 杨速生丰产林,调查测量数据列于表 5-3。

以上两地区,可代表我国暖温带半湿润区的华北大平原偏北的河北省和偏南的河南省,分析这 3 个生长过程表的数据,中林 46 杨生长水平和生长规律可归纳为以下几点。

(一)胸径生长

不同的栽植密度,胸径生长水平有所差异,密度 3 米×6 米的少于 4 米×6 米的,不同地区差异不大。

在北部地区的望都县,3 米×6 米的栽植密度胸径年平均生长量 2～10 年间从 4.7 厘米至 2.69 厘米逐年递减,第十年总生长量可达 26.93 厘米,4 米×6 米的 2～10 年间从 5.21 厘米至 3.04 厘米逐年递减。第十年总生长量则较高,可达 30.37 厘米。地处南部的沁阳市栽植密度 4 米×5 米,2～10 年间胸径年平均生长量从 5.35 厘米逐年降低至 3.06 厘米,第十年总生长量达 30.57 厘米。

(二)树高生长

中林 46 杨树高生长水平比较突出,无论南、北生长水平大致相同。在 7 年以前,树高年平均生长量在 3 米或 3 米以上,平均水平在 3.5～4 米之间,体现出树干通直挺拔,十分美观。

(三)蓄积量生长

蓄积量的生长量水平与栽植密度有密切关系,单位面积蓄积量的积累,不但与单株立木平均胸径、平均树高生长水平有关,亦与单位面积立木株数相关密切。在表 5-1 至表 5-3 的 3 米×6 米、4 米×6 米和 4 米×5 米的 3 种栽植密度中,每公顷立木株数相差较大,分别是 555 株/公顷、420 株/公顷和 500 株/公顷。在表 5-1 栽植密度 3 米×6 米林分中,虽然单株立木生长量较小,但单位面积每公顷立木株数较多,故而体现出单位面积蓄积量较大,而 4 米×6 米密度林分,虽然单株立木生长优于 3 米×6 米,由于单位面积立木株数较少,致使单位面积蓄积量趋少。只有密度 4 米×5

米的林分,既能体现出单株立木有较高生长水平,亦体现了单位面积株数配置适宜,从而体现出蓄积量生长的较高水平。3 种密度的蓄积量年平均生长,直至第十年都趋于上升,而连年生长高峰,密度 3 米×6 米在 5～7 年,4 米×6 米在 6～8 年,4 米×5 米至第 10 年仍处于增长状态。

第 10 年蓄积量总生长量 4 米×5 米的最大,为 353.713 米³/公顷,4 米×6 米的最少,为 269.927 米³/公顷,3 米×6 米的居中,为 293.634 米³/公顷。无论是哪一种栽植密度的蓄积量总生长量都属于高水平。

表 5-1　中林 46 杨人工林生长过程表

河北省望都县　栽植密度 3m×6m　单位:胸径:cm,树高:m,蓄积量:m³/hm²

林龄	总生长量			年平均生长量			连年生长量		
	胸径	树高	蓄积量	胸径	树高	蓄积量	胸径	树高	蓄积量
1	4.01	4.67	1.953	4.01	4.67	1.953			
2	9.37	8.44	14.745	4.70	4.22	7.373	5.36	3.77	12.792
3	13.94	11.92	42.182	4.55	3.97	14.061	4.57	3.48	14.061
4	18.04	15.69	88.607	4.51	3.92	22.158	4.10	3.77	46.425
5	20.94	17.82	132.691	4.19	3.56	26.538	2.90	2.13	44.084
6	22.86	19.75	172.995	3.81	3.29	28.833	1.92	1.93	40.084
7	24.71	21.53	220.939	3.53	3.08	31.563	1.85	1.78	47.944
8	25.76	22.92	239.622	3.22	2.87	29.953	1.05	1.39	18.683
9	26.41	23.98	274.693	2.93	2.66	30.521	0.65	1.06	35.071
10	26.93	24.72	293.634	2.69	2.47	29.363	0.52	0.74	18.941

第五章 美洲黑杨林

表5-2 中林46杨人工林生长过程表

河北省望都县 栽植密度 4m×6m 单位:胸径:cm,树高:m,蓄积量:m³/hm²

林龄	总生长量			年平均生长量			连年生长量		
	胸径	树高	蓄积量	胸径	树高	蓄积量	胸径	树高	蓄积量
1	4.70	4.13	1.750	4.70	4.13	1.750			
2	10.42	8.29	13.353	5.21	4.15	6.676	5.72	4.16	11.603
3	14.30	11.85	33.307	4.77	3.95	11.102	3.88	3.56	19.954
4	18.20	14.60	63.754	4.55	3.65	15.939	3.90	2.75	30.447
5	21.10	17.02	97.576	4.22	3.42	19.515	2.90	2.42	33.822
6	23.60	19.10	134.832	3.93	3.18	22.472	2.20	2.08	37.256
7	25.76	20.52	170.798	3.68	2.93	24.399	2.16	1.42	35.966
8	27.76	21.82	209.165	3.47	2.73	26.146	2.00	1.30	38.367
9	29.28	22.99	243.702	3.25	2.53	27.078	1.52	1.17	34.537
10	30.37	23.76	269.927	3.04	2.38	26.993	1.09	0.77	26.225

表5-3 中林46杨人工林生长过程表

河南省沁阳市 栽植密度:4m×5m 单位:胸径:cm,树高:m,蓄积量:m³/hm²

林龄	总生长量			年平均生长量			连年生长量		
	胸径	树高	蓄积量	胸径	树高	蓄积量	胸径	树高	蓄积量
1	4.82	4.17	2.195	4.82	4.17	2.195			
2	10.37	8.37	15.891	5.19	4.19	7.946	5.55	4.20	13.686
3	16.05	12.79	52.887	5.35	4.26	17.629	5.68	4.42	36.991
4	19.07	15.95	90.099	4.77	3.99	22.525	3.02	3.16	37.213

续表 5-3

林龄	总生长量			年平均生长量			连年生长量		
	胸径	树高	蓄积量	胸径	树高	蓄积量	胸径	树高	蓄积量
5	22.09	18.04	112.956	4.41	3.61	22.591	3.02	2.09	22.857
6	24.05	20.09	174.607	4.01	3.35	29.101	1.96	2.05	61.651
7	25.61	21.83	213.236	3.66	3.12	30.462	1.56	1.74	38.629
8	27.33	23.36	257.839	3.41	2.92	32.230	1.72	1.53	44.603
9	28.85	24.87	303.928	3.21	2.76	33.770	1.52	1.51	46.089
10	30.57	25.92	353.713	3.06	2.59	35.371	1.72	1.05	49.785

第二节　中驻杨、中民杨

一、起　源

中驻杨（*P. deltoides* Bartr Cl. zhongzhu）、中民杨（*P. deltoides* Bartr Cl. zhongmin）是中国林业科学研究院林业研究所黄东森研究员于 1970 年以 I-69/55 杨为母本，I-63/51 为父本人工杂交而成的美洲黑杨杂种。之后，在河南省驻马店市和民权县繁育而成不同的无性系，以当地地名命名为中驻杨和中民杨。中驻杨又分为 2 号、6 号和 8 号无性系。

二、形态特征

中驻杨和中民杨共同特征：树干通直圆满，树冠较开张，苗茎长枝具棱,青绿色,叶基部截形或微心脏形。叶先端突尖或微渐尖,叶基部具腺点2～3,叶宽大于长度,约19：18,叶柄粉色无毛,叶主脉淡粉色,短枝叶圆三角形,基部近心脏形。叶尖钝尖或圆尖,叶基部具腺点2,叶柄局部粉色,中驻2号、6号杨为雄株,8号杨及中民杨为雌株。

三、生境及抗性

中驻杨和中民杨在华北大平原适生于河南省的黄河以南各县、市,如郑州、洛阳、开封、商丘、许昌、周口、平顶山、漯河、驻马店、南阳所属市、县,其中一些地区,已属于北亚热带气候区。

1. 气候条件 年平均气温14℃～15℃,1月份平均气温1℃～2℃,7月份平均气温28℃以上,极端最低气温－25℃,极端最高气温41℃,无霜期220～230天,年降水量800～1 100毫米。

2. 适宜地形及土壤条件 适生于河滩地,一、二级台地和平原地带,不宜栽植在丘陵或斜坡地。要求种植在质地疏松、透气性良好,地下水位较高的冲积沙土、沙壤土和壤土、潮土。土壤含盐量不宜超过0.25%。

3. 抗病虫害性能 对光肩星天牛及桑天牛、云斑天牛有较良好的抗性,危害程度较轻。经调查,危害率在3%～4%,无树干冻裂及杨树腐烂病、溃疡病发生。叶部害虫有轻度舟蛾类危害。

四、生长水平

表5-4是生长在河南省民权县黄河冲积平原上的中民杨速生丰产林生长过程表,表5-5是生长在河南省驻马店市西平县黑河流域的冲积平原上的中驻杨速生丰产林生长过程表。其生长水平和生长规律可归纳为以下几点。

(一)胸径生长

年平均生长高峰期在 3～5 年,在 4～5 厘米之间;6 年以后趋于下降,至第十年,仍维持在 3 厘米及以上。10 年总生长量达到 29.03～29.95 厘米,稍逊于中林 46 杨。

(二)树高生长

年平均生长高峰期在 2～6 年,可达 3～3.5 厘米左右,第十年以前,仍维持在 2.4～2.9 米,第十年总生长量可达 22.24～23.61 米,可谓生长通直高大。

(三)蓄积量生长

在第九年以内,蓄积量年平均生长量仍处于上升阶段。至第十年略有下降。连年生长高峰期 5～6 年或 5～7 年间。第十年蓄积量总生长量达到 221.176 米³/公顷和 249.529 米³/公顷,年平均可达 22～25 米³/公顷,应属于速生丰产水平。

中民杨和中驻杨生长规律相似,中驻杨生长稍优于中民杨。

表 5-4　中民杨人工林生长过程表

河南省民权县　栽植密度:5m×5m　　　　单位:胸径:cm,树高:m,蓄积量:m³/hm²

林龄	总生长量			年平均生长量			连年生长量		
	胸径	树高	蓄积量	胸径	树高	蓄积量	胸径	树高	蓄积量
1	4.33	3.88	1.373	4.33	3.88	1.373			
2	9.60	7.10	9.530	4.80	3.55	4.765	5.27	3.22	8.157
3	15.09	10.54	31.535	5.03	3.51	10.512	5.49	3.44	22.405
4	18.81	13.35	59.484	4.70	3.34	14.873	3.72	2.81	27.949
5	21.24	16.27	90.214	4.25	3.25	18.143	2.43	2.92	30.757
6	23.77	17.96	122.846	3.96	2.99	20.474	2.53	1.69	32.632

续表 5-4

林龄	总生长量			年平均生长量			连年生长量		
	胸径	树高	蓄积量	胸径	树高	蓄积量	胸径	树高	蓄积量
7	25.67	19.30	152.455	3.67	2.76	21.779	1.90	1.34	29.609
8	27.03	20.70	179.971	3.39	2.58	22.496	1.36	1.40	21.516
9	28.12	21.50	201.376	3.12	2.39	22.375	1.09	0.80	21.405
10	29.03	22.24	221.176	2.90	2.22	22.118	0.91	0.74	19.800

表 5-5　中驻杨人工林生长过程表

河南省西平县　栽植密度:5m×5m　单位:胸径:cm,树高:m,蓄积量:m³/hm²

林龄	总生长量			年平均生长量			连年生长量		
	胸径	树高	蓄积量	胸径	树高	蓄积量	胸径	树高	蓄积量
1	4.47	3.92	1.463	4.47	3.92	1.463			
2	9.90	7.88	11.060	4.95	3.94	5.530	5.43	3.96	9.597
3	15.56	11.25	35.462	5.19	3.75	11.821	5.66	3.37	24.402
4	19.09	14.09	64.332	4.77	3.52	16.093	3.53	2.84	28.870
5	21.90	16.32	95.934	4.38	3.26	19.187	2.81	2.23	31.602
6	24.50	18.36	132.936	4.08	3.46	22.156	2.60	2.04	37.002
7	26.91	20.29	175.077	3.84	2.90	25.011	1.61	1.93	42.141
8	27.67	21.71	193.987	3.46	2.72	24.248	1.56	1.07	18.910
9	29.10	22.71	226.681	3.23	2.52	25.187	1.43	0.95	32.694
10	29.95	23.61	249.529	3.00	2.36	24.953	0.85	0.90	22.848

第三节　中菏 1 号杨

一、起　源

中菏 1 号杨（*P. deltoides* Bartr Cl.'Zhonghe-1'）原名中林 2025 杨（*P. deltoides* Bartr Cl.'Zhonglin-2025'），中国林业科学研究院黄东森研究员于 20 世纪 70 年代杂交培育而成新的优良品种。其母本是 I-69/55 杨，父本源于意大利罗马农林研究中心寄来的美洲黑杨花枝。新品种名称定为中林 2025 杨。至 1993 年山东省菏泽市林业科技推广站从中国林业科学院引进，经引种试验后，定名为中菏 1 号杨。引种选育人员有赵合娥、吴全宇、张瑞军、贾存忠、周保林、任清堂、郜凤华、袁勇、周铁墩。于 2002 年 11 月 20 日山东省林业局鲁林函种字[2002]169 号"山东省林业局关于公布林木良种的通知"中将中菏 1 号杨定为山东省林木良种。

二、分　布

从 20 世纪 90 年代开始，至今 20 多年间，中菏 1 号杨（中林 2025 杨）在华北平原的南部得到了大面积的栽培，尤其在速生用材林栽种方面更加得到广泛采用，主要有山东省平原地区，河南省东部及南部平原地区，在河北省平原区和江苏省黄淮平原地区亦有少量栽植。

三、形态特征

乔木，树干通直，雄株，不飞絮，萌枝褐色有棱角，皮孔白色散状或小团状分布,长圆形或圆形。芽红色、离生或微贴生,有黄色黏液,叶基部微心形或截形,先端钝尖。叶柄光滑无毛,微红色间绿色。大树树干上部灰褐色、有棱线,下部褐色纵裂。侧枝较细,枝角45°～50°。

四、生长水平

山东省菏泽市是中菏 1 号杨大面积栽培开发研究并鉴定和命名的地区,市林业局赵合娥高级工程师等在近 20 年时间里做了大量的实质性研究工作,对中菏 1 号杨的生长规律及生长水平获得大量数据。现将赵合娥提供的中菏 1 号杨及中林 46 号杨对比林中的生长过程列于表 5-6 至表 5-9。从中可以看出有以下规律。

(一)胸径生长

1. 中菏 1 号 中菏 1 号杨胸径生长高峰期出现于第 4～6 年,年平均生长量可达 4.1 厘米以上。最高可达 4.8 厘米,第七年开始下降,但仍保持在 3.7 厘米左右。连年生长量高峰期出现在第 2～4 年,最高可达 6.0 厘米。至第 7～8 年,总生长量可达 27～28.6 厘米。

2. 中林 46 与中林 46 杨对比观测,在同一立地条件下,中林 46 杨胸径生长高峰期,第 4～6 年间为 3.7～3.9 厘米,中菏 1 号杨较中林 46 杨提高 1 厘米左右。第 7～8 年间总生长量,中菏 1 号杨较中林 46 杨提高 4 厘米左右。

(二)树高生长

1. 中菏 1 号 中菏 1 号杨树高年平均生长量最高可达 3.3 米(表 5-6)或 4 米(表 5-8),从第一年开始逐年下降,至第八年为 2.3 米。连年生长量高峰期出现在第四年(表 5-6)或第 3～4 年(表 5-8),至第八年连年生长仍达 1.0 米。

2. 中林 46 与中林 46 杨对比观测,年平均生长量二者水平相近,但中林 46 号随林龄增高而下降速度比较平缓,中菏 1 号杨下降速度较快,至第八年,中林 46 杨(21.5 米)优于中菏 1 号杨(18.3 米)。

(三)蓄积量生长

1. 中菏 1 号 中菏 1 号杨从第一年开始至第八年,始终处于上升趋势。第八年年平均生长量为 23.445 米³/公顷,连年生长量为 28.394 米³/公顷,总生长量为 187.539 米³/公顷,属于高水平的生长指标。

2. 中林 46 与中林 46 杨对比观测,逐年的平均生长、连年生长和总生长都处于上升趋势,但生长水平不及中菏 1 号杨,中菏 1 号杨较中林 46 杨提高约 11.46%。在这里应明确指出,这一对比数据主要适用于菏泽地区,在其他地区,是会有不同的对比结果的。

五、抗病虫害能力

中菏 1 号杨和中林 46 号杨在华北大平原的栽培区是蛀干害虫光肩星天牛、白杨透翅蛾及树干病害杨树腐烂病和杨树溃疡病的多发区,但在几十年的观察,都未见危害病株,危害率近于零。这样的强抗病、虫害的树种,保证了在生长期间树干始终保持通直完满,有利于高质量大径原木的生产。

第五章 美洲黑杨林

表5-6 中菏1号杨人工林生长过程表

菏泽市曹县东明集林场　　栽植密度:4m×6m

单位:胸径:cm,树高:m,蓄积量:m³/hm²

林龄	总生长量			年平均生长量			连年生长量		
	胸径	树高	蓄积量	胸径	树高	蓄积量	胸径	树高	蓄积量
0	1.6	1.9							
1	2.7	3.3	0.5701	2.7	3.3	0.570	1.1	1.4	
2	8.7	5.9	7.1116	4.4	3.0	3.556	6.0	2.6	6.541
3	14.3	8.2	23.875	3.8	2.7	7.958	5.5	2.3	16.764
4	19.1	11.6	56.513	4.8	2.9	14.128	4.9	3.4	32.638
5	22.1	14.0	88.840	4.4	2.8	17.768	3.0	2.4	32.327
6	24.3	16.1	121.441	4.1	2.7	20.240	2.2	2.1	32.601
7	27.0	17.3	159.165	3.7	2.5	22.738	2.7	1.2	37.724
8	28.6	18.3	187.559	3.8	2.3	23.445	1.6	1.0	28.394

表5-7 中林46杨人工林生长过程表

菏泽市曹县东明集林场　　栽植密度:4m×6m

单位:胸径:cm,树高:m,蓄积量:m³/hm²

林龄	总生长量			年平均生长量			连年生长量		
	胸径	树高	蓄积量	胸径	树高	蓄积量	胸径	树高	蓄积量
0	1.7	2.1							
1	2.2	2.9	0.368	2.2	2.9	0.368	0.5	0.8	
2	5.6	5.3	2.938	2.8	2.4	1.469	3.4	2.4	2.570
3	10.8	7.7	13.361	3.6	2.6	4.454	5.2	2.4	10.423

续表 5-7

林龄	总生长量			年平均生长量			连年生长量		
	胸径	树高	蓄积量	胸径	树高	蓄积量	胸径	树高	蓄积量
4	15.8	11.5	39.107	3.9	2.9	9.777	5.0	3.8	25.746
5	19.1	13.3	64.094	3.8	2.7	12.819	3.3	1.8	24.997
6	22.5	17.0	110.233	3.7	2.5	18.372	3.4	3.7	46.139
7	23.9	20.3	146.353	3.4	2.9	20.908	1.4	3.3	36.120
8	24.7	21.5	146.663	3.1	2.6	20.583	0.8	1.2	18.310

表 5-8 中菏 1 号杨人工林生长过程

山东省定陶县任屯林场 　　栽植密度:4m×6m

单位:胸径:cm,树高:m,蓄积量:m³/hm²

林龄	总生长量			年平均生长量			连年生长量		
	胸径	树高	蓄积量	胸径	树高	蓄积量	胸径	树高	蓄积量
0	2.6	3.6							
1	3.9	4.0	1.236	3.9	4.0	1.236	1.3	0.4	
2	7.9	5.8	5.616	4.0	2.9	2.808	4.0	1.8	4.370
3	13.1	9.3	19.537	4.4	3.1	6.512	5.2	3.5	13.921
4	18.1	12.5	54.664	4.5	3.1	13.658	5.0	3.2	35.127

表 5-9　中菏 1 号杨人工林生长过程表

山东省定陶县任屯林场　　　栽植密度:4m×6m

单位:胸径:cm,树高:m,蓄积量:m³/hm²

林龄	总生长量			年平均生长量			连年生长量		
	胸径	树高	蓄积量	胸径	树高	蓄积量	胸径	树高	蓄积量
0	2.1	3.2							
1	3.1	3.5	0.752	3.1	3.5	0.752	1.0	3.3	
2	7.2	5.5	4.747	3.6	2.8	2.374	4.1	2.0	3.995
3	11.8	9.5	19.006	3.9	3.2	6.335	4.6	4.0	14.259
4	16.1	12.2	42.783	4.0	3.1	10.696	4.3	2.7	23.777

第四节　Ⅰ-69/55 杨

一、起　源

　　Ⅰ-69/55 杨,又名鲁克思杨(*P. deltoides* Bartr Cl. 'Lux'),是意大利卡萨尔孟菲拉托杨树栽培研究所于 1952 年从美国伊里诺斯州(Ilinois)的马萨克县(Massac)所引进的种子中选育而成。1971 年中国林业科学研究院吴中伦教授从意大利引进。起初栽培于长江中下游平原。20 世纪 80 年代陆续引种在山东省鲁南临沂市、日照市和河南省周口市、漯河市、驻马店市等南部地区。20 世纪 90 年代,逐步扩大栽培在山东、河南全省和河北省部分地区,成为华北大平原暖温带半湿润气候区的主要栽培杨树品种之一。亦逐步改变了华北地区杨树人工林生长水平较低下的局面。与

Ⅰ-69/55 杨引种的同时，还有Ⅰ-72/58 杨和Ⅰ-63/51 杨，后逐步被淘汰。

二、形态特征

树干通直微弯曲、褐色，树冠开展卵圆形，芽长 4.6 毫米、绿色，放叶期芽赤褐色。长枝叶基部微心形，叶尖端微尖形。叶基有腺点 2 个。叶中脉绿色与第二侧脉间的夹角 65°。叶柄全绿光滑无毛。1 年生枝有棱具中等沟槽。光滑无毛，皮孔长线形，均匀分布。短枝叶叶基截形，尖端圆尖。叶柄光滑无毛，叶基具腺点数量不定。雌性，成熟花序 7～9 厘米，花絮量极少，蒴果裂瓣 3～4 个。

三、生境条件及抗性

（一）生境条件

第一，要求温暖湿润的气候环境，喜松软、湿润、通气性良好肥沃的土壤。在暖温带半湿润区的气候条件正是其生长环境的理想条件。

第二，在本气候区由于气温适宜，不存在如北亚热带气候区，夏季 7、8 月高温期间出现生长缓慢期影响林木速生的现象。

第三，由于地下水位埋藏相对于北亚热带气候区较深，致使根系分布较深，增强了水肥吸收能力和抗风能力。

（二）抗　性

1. 抗病能力强　未发生树干冻裂、溃疡病等病株。

2. 抗虫能力强　对华北地区主要蛀干害虫光肩星天牛有较强的抗性，极少发生天牛危害的林木。

四、生长水平

表 5-10 是河南省周口地区华西县在黄河故道泛区沙地上生长的 I-69/55 杨人工丰产林生长过程,其生长规律有以下几点:

(一)胸径生长

胸径年平均生长高峰期出现在第 3~6 年,为 3.80~3.89 厘米,至第十年下降至近 3.0 厘米。连年生长高峰期出现在第 3~4 年,为 4.3~4.53 厘米,至第七年下降较快,第十年为 0.95 厘米。总生长量第五年为 19.65 厘米,第十年为 29.76 厘米。对培育大、中径材有利。

(二)树高生长

树高年平均生长高峰期在第 4~6 年间,为 3.13~3.36 米,至第十年仍保持在 2.53 米水平。连年生长高峰期在第 3~4 年间,为 3.61~4.60 米,至第十年降至 1.22 米。第十年总生长量可达 25.34 米,总生长水平较高。

(三)蓄积量生长

蓄积量年平均生长量至第十年仍处于持续上升状态,至第八年达到 25 米³/公顷以上,连年生长量高峰期在第 5~8 年,为 37.913~38.094 米³/公顷,最高可达 45.529 米³/公顷。总生长量第十年可达 262.869 米³/公顷,说明蓄积量生长水平较为理想,达到了速生丰产水平。

表 5-10 Ⅰ-69/55 杨人工林生长过程表

河南省西华县　栽植密度:5m×5m　黄河泛区沙地

单位:胸径:cm,树高:m,蓄积量:m³/hm²

林龄	总生长量			年平均生长量			连年生长量		
	胸径	树高	蓄积量	胸径	树高	蓄积量	胸径	树高	蓄积量
1	3.64	3.45	0.926	3.64	3.45	0.926			
2	7.11	5.01	4.082	3.56	2.50	2.041	3.47	1.56	3.156
3	11.41	8.62	15.580	3.80	2.87	5.193	4.30	3.61	11.498
4	15.94	13.22	43.061	3.99	3.36	10.765	4.53	4.60	27.481
5	19.65	16.32	77.974	3.93	3.26	15.595	3.71	3.10	37.913
6	23.32	18.78	123.503	3.89	3.13	20.585	3.67	2.46	45.529
7	25.70	20.77	163.808	3.67	2.97	23.401	2.38	1.99	10.305
8	27.48	22.59	201.902	3.43	2.82	25.238	1.78	1.82	38.094
9	28.78	24.12	235.017	3.19	2.68	26.113	1.30	1.53	33.115
10	29.76	25.34	262.869	2.98	2.53	26.287	0.98	1.22	27.852

(四)与北亚热带生长水平的比较

表 5-11 是暖温带半湿润气候区与北亚热带气候区 Ⅰ-69/55 杨丰产林生长水平的比较,从表中所列对比数据可以看出:

①长江中下游平原夏季有水淹的地区的生长水平,胸径只是本气候区的 54%～83.4%,树高只及 69.3%～89.2%,蓄积量只及 26.9%～84.7%。二者差距较大。

②长江中下游平原无水淹地区如汉寿、泾县、睢宁 3 县,其间生长水平相差不多,没有本质区别。

表5-11 Ⅰ-69/55杨不同气候区生长水平对比

栽植密度:5m×5m 速生丰产林

气候区	地点	树龄	生长量			差值%			备注
			胸径(cm)	树高(m)	蓄积量(m³/hm²)	胸径(cm)	树高(m)	蓄积量(m³/hm²)	
北亚热带气候区	湖南省汉寿市	5	19.1	16.5	74.400	97.7	99.4	95.4	灌淤土,夏季无水淹
		10	28.5	26.9	230.302	95.8	106.2	40.4	
	安徽省庐江县	5	14.6	13.5	35.925	74.7	81.3	46.1	巢湖阶地,夏季无水淹
		10	19.7	17.9	78.255	66.2	70.6	26.9	
	安徽省池州市	5	18.5	15.8	66.060	94.6	95.2	84.7	乌沙洲岛,夏季有2~3个月水淹,水深2~3米
		10	22.2	22.6	119.295	74.6	89.2	33.9	
	安徽省枞阳市(圩外)	5	10.6	11.5	17.610	54.2	69.3	22.6	凤凰洲半岛,圩堤外,夏季水淹2~3个月,水深2~3米
		10	17.4	18.1	62.730	58.5	71.4	27.2	
	安徽省枞阳市(圩内)	5	16.3	13.9	46.105	83.4	83.7	59.1	凤凰洲半岛,圩堤内,无水淹
		10	23.0	22.6	127.215	77.3	89.2	33.9	
	安徽省泾县	5	19.2	21.4	88.880	98.2	128.9	114.0	泾河滩地,土壤肥沃
		10	23.0	26.0	144.000	77.3	102.6	29.4	
	江苏省睢宁县	5	26.5	16.6	79.620	104.8	100.0	102.1	淮河以南,无水淹土壤肥沃
		10	28.8	27.1	228.600	96.8	106.9	40.7	

续表 5-11

气候区	地　点	树龄	生长量			差值%			备　注
			胸径 (cm)	树高 (m)	蓄积量 (m³/hm²)	胸径 (cm)	树高 (m)	蓄积量 (m³/hm²)	
暖温带半湿润气候区	河南省西华县	5	19.65	16.32	77.974	100	100	100	摘录自表 5-10
	黄河故道沙地	10	29.76	25.34	262.869	100	100	100	

注：本表内容摘自陈章水编著：长江中下游平原杨树集约栽培第 63～79 页，金盾出版社 2008.12。

第五节　山海关杨

一、起　源

山海关杨（*P. deltoides* Bartr. cv. 'Shanhaiguanensis'）源于河北省山海关，笔者于 1988 年现场考证和参阅有关资料，现将山海关杨起源的历史过程介绍如下：

在河北省秦皇岛市山海关区的铁路医院附近有 3 株大杨树。这 3 株大杨树到 1963 年已有 50 年树龄，围径达 4～5 米。这 3 株大杨树相传是一名外国传教士从国外引进栽植的，属美洲黑杨。1962 年，秦皇岛市海滨林场何庆赓曾采种育苗；1963—1964 年，秦皇岛市山海关区城市建设科苗圃从这 3 株大树上采种育苗，从此得到发展。3 株母树已于 1968 年砍伐，其子代经山海关区城建科及其所属苗圃、秦皇岛市林业局、海滨林场何庆赓商定，定名为山海关杨（*P. deltoids*. cv. 'Shanhaiguanensis'）。1974 年，何庆赓采集标本经南京林学院叶培忠鉴定：山海关杨属美洲黑杨一个品系。据资料记载，美洲黑杨雌花柱头 3～4 个，雄蕊 40～60 枚，而山海关杨雌花柱头 2～4 个，雄蕊 40～82 枚。

1972 年，河北省林业科学研究所调查了山海关杨，并写材料介绍了山海关杨的优良性状，从此山海关杨引起人们的重视。1974 年，唐山地区林业局组织了由本地区平原林场参加的山海关杨协作组，扩大山海关杨的栽培试验。从此，山海关杨在唐山地区广为栽培，至 1984 年仅乐亭县羌各庄林场就栽植近 340 公顷。随后，山海关杨不仅在唐山地区有大面积栽植，河北省北部、黑龙江、吉林、辽宁、北京、新疆亦有引种栽培。

二、形态特征

山海关杨为大乔木，雌雄株均有，主干高大通直，侧枝层次明显，每层枝少，无大侧枝，冠稀疏。叶三角形，先端尖，粗锯齿，叶缘有稀绒毛和浅黄线，叶基截形或凹形，叶柄长5～8厘米，两侧扁，叶柄与叶片连接处有2～3个腺点，叶面和叶背无毛。幼枝有不明显棱线，苗干或幼龄树干芽下有3条明显木栓状棱线，皮孔长椭圆形或棱形、稀少。芽有黏性。雌花序长5～9厘米，花19～44朵，柱头2～4；雄花序长6～10厘米，花65～82朵，雄蕊40～82个。果穗长5～13厘米，果19～44个，果柄短，蒴果，6月中旬至8月中旬陆续成熟，开裂成2～4裂。种子长椭圆形呈黄色。主干树皮3～4米以下为浅纵裂，灰黄色；3～4米以上光滑不裂，灰绿色。

三、抗　　性

（一）具有抗寒、耐旱、耐涝特性

山海关杨具有抗寒、耐旱、耐涝特性，在土壤较瘠薄的条件下生长仍较快。通过近10年的引种栽培，山海关杨在-30℃的地区生长良好，无冻害。辽宁省建平县黑水林场，地处辽西寒冷半干旱地区，年平均气温5.5℃，极端最低气温-31.4℃，年无霜期128天，年平均降水量380毫米，山海关杨生长良好，年平均生长量胸径2.0厘米，树高1.5米左右。河北省保定地区易县解村大队，在冲积粗沙卵石地，地下水位50厘米，雨季地表积水，根系长期浸泡水中，土壤肥力低下的立地条件下，山海关杨年平均生长量胸径达1.12厘米，树高达1.21米。在乐亭县羌各庄低洼地上，雨季积水达2个月，旱季土壤含水率低，山海关杨仍生长正常。在严重干旱的1977年，北戴河、秦皇岛等地的北京杨、加杨早期落叶严重，10

月初树叶已全部落光,唯山海关杨生长正常,10 月底才开始落叶。

(二)对病虫害有较强抗性

对病虫害抗性较强,无论是辽宁西部半干旱区,还是内蒙古寒冷半干旱地区、河北暖温带半湿润气候区和新疆北部干旱区,山海关杨都没有发生严重的病虫害。蛀干害虫轻微,没有发现叶部病害。在河北省望都县和易县,经 10 年以上的观测,山海关杨无病虫感染症状。

四、适生环境

山海关杨最适宜生长环境是华北平原暖温带雨量充沛、土壤肥沃、通气良好的生态环境,根据笔者调查河北省乐亭县和望都县的下列气候、土壤条件,山海关杨生长情况如下:

乐亭县羌各庄是沿海沙地林场,整个林场为渤海海退沙地,0～30 厘米为细沙,30 厘米以下为浅黄色细沙,多锈斑,100 厘米以下为黑色细沙,春季干旱,雨季低洼易涝,土壤肥力差,土壤有机质 0.14%～0.18%,全氮 0.01%～0.02%,全磷 0.03%～0.04%,全 K 2.89%～3.34%,碱解氮 18.30～19.55 微克/克,速效磷 3.70～4.43 微克/克,速效钾 26.00～37.33 微克/克,pH 值 6.7 左右。山海关杨年平均生长量胸径 1.31～2.05 厘米,树高 1.3～1.7 米。蓄积量 60.75～127.05 米³/公顷。

望都县属太行山东麓北段山前倾斜平原,属暖温带半湿润气候区,年平均气温 11.80℃,全年 10℃ 以上积温 4 296℃,无霜期 181 天,年降水量 537.7 毫米,年蒸发量 1 770.86 毫米。在该县的南韩庄及尧庄山海关杨人工林内土壤属幼年潮沙土,地下水位 4.5～5 米。山海关杨生长量 10 年生胸径 26～29 厘米,树高 21～23 米,蓄积量 230～260 米³/公顷。

五、生长水平

笔者和赵天锡教授、杨志敏博士在河北省望都县南韩庄及尧庄进行了山海关杨丰产林生长规律的试验研究。试验地土壤为幼年潮沙土、地下水位 4.5～5.0 米。试验期间当地气候条件为：年平均气温 11.80℃，全年≥10℃以上积温 4 296℃，无霜期 181 天，年降水量 537.7 毫米，年蒸发量 1 770.86 毫米。

造林密度 3 米×6 米和 4 米×6 米，前 3 年间作农作物黄豆、西瓜等，按正常作业进行施肥、灌溉和修枝，为便于观测山海关杨对病虫害的抗性能力，经营期间不进行病虫害防治措施。经 10 年的定点试验观测后，其生长水平和生长规律列于表 5-12 和表 5-13，现以表 5-12 内容为例分析如下（表 5-13 表现的情况类同）：

（一）胸径生长

胸径年平均生长量第八年以前都在 3 厘米以上，至第 9～10 年降至 3 厘米以下，但亦达到 2.5 厘米以上，高峰期出现在第 3～4 年，为 3.8～4.1 厘米的高水平，连年生长量第三年达到高峰，此后逐年下降，总生长量至第九年为 23.03 厘米，生长水平趋于一般。

（二）树高生长

树高年平均生长量在 2～3 米之间，高峰期第四年达到 3.27 米，至第九年为 1.94 米。连年生长第三年高峰期为 3.7 米，逐年下降至第九年只有 0.42 米，第九年总生长量只有 17.5 米，树高的生长水平趋于一般。

（三）蓄积量生长

蓄积量年平均生长高峰期在第 7～8 年，为 18.5～18.6 米³/公顷，平均每年每 667 米² 超过 1 米³，达到了丰产指标的低限。连年生长量高峰期在第六年,为 36.681 米³/公顷,此后逐年下降速度较快,至第九年只有 7.856 米³/公顷,生长水平趋于一般。

总的来看,山海关杨生长水平达到了我国关于杨树丰产林规定的指标。

表 5-12　山海关杨人工林生长过程表

河北省望都县南韩庄　　　栽植密度 3m×6m

单位:胸径:cm,树高:m,蓄积量:m³/hm²

林龄	总生长量			年平均生长量			连年生长量		
	胸径	树高	蓄积量	胸径	树高	蓄积量	胸径	树高	蓄积量
1	3.04	3.84	0.971	3.04	3.84	0.971			
2	6.67	6.12	5.997	3.33	3.06	2.999	3.63	2.28	5.026
3	12.29	9.82	27.918	4.10	3.27	9.306	5.62	3.70	21.921
4	15.39	11.93	50.858	3.85	2.98	12.715	3.10	2.11	22.940
5	17.29	13.08	69.009	3.46	2.62	13.802	1.90	1.15	18.151
6	19.44	16.27	105.690	3.24	2.71	17.615	2.15	3.19	36.681
7	21.30	16.91	130.490	3.04	2.42	18.641	1.86	0.64	24.800
8	22.61	17.15	148.253	2.83	2.14	18.532	1.31	0.24	17.763
9	23.03	17.45	156.109	2.56	1.94	17.345	0.42	0.30	7.856

表 5-13 山海关杨人工林生长过程表

河北省望都县尧庄　　栽植密度 4m×6m

单位:胸径:cm,树高:m,蓄积量:m³/hm²

林龄	总生长量			年平均生长量			连年生长量		
	胸径	树高	蓄积量	胸径	树高	蓄积量	胸径	树高	蓄积量
1	3.61	3.43	0.954	3.61	3.43	0.954			
2	7.98	6.68	1.238	3.99	3.34	0.619	4.37	3.25	0.284
3	12.56	10.49	23.361	4.19	3.50	7.787	4.58	3.81	22.123
4	15.66	11.79	39.343	3.91	2.95	9.836	3.10	1.30	15.982
5	17.69	13.05	54.425	3.54	2.61	9.079	2.03	1.06	15.082
6	19.75	15.85	80.436	3.29	2.64	13.406	2.06	2.80	26.011
7	21.92	17.03	105.023	3.12	2.43	15.003	2.17	1.18	24.587
8	22.64	17.62	115.375	2.83	2.20	14.422	0.72	0.59	10.352
9	23.47	18.10	126.803	2.61	2.01	14.089	0.83	0.48	11.128

第六节　北抗1号杨、创新1号杨

一、起　源

北抗杨（*P. deltoide* Bartr. Cl. ' Beikung-1 '）和创新杨（*P. deltoide* Bartr. Cl. 'Xingshiji-1'）都是中国林业科学研究院韩一凡通过人工杂交的研究成果。

北抗1号杨的母本是南抗1号杨（*P. deltoide* Bartr. Cl.

'Nangkang-1'），父本为原产于美国达柯他州（北纬 45°以上）的 D-175 杨（*P. deltoide* Bartr. cv. D-175）。

创新 1 号杨的母本仍然是南抗 1 号杨，父本选用原产于加拿大（北纬 45°以上）的帝国杨（*P. deltoide* Bartr. cv. Imperial）。

D-175 杨和帝国杨的花粉都采自辽宁省黑水林场，为笔者与赵天锡、杨志敏设置的杨树丰产林试验基地。根据生长和抗虫情况的表现，北抗 1 号杨和创新 1 号杨于 2001 年 8 月获国家林业局植物新品种证书。

二、形态特征

(一)北抗 1 号杨

落叶乔木，树干通直圆满，大树树干上部为灰绿色，下部为褐色有纵裂，叶圆卵形，先端渐尖，基部心脏形，叶长 15 厘米左右，叶柄长度近于叶长度的一半。雄性。

(二)创新 1 号杨

落叶乔木，树冠较开张，树干通直，皮孔白色长卵形分布均匀，树皮在 2 年生以后开始开裂。苗干灰色，横切面有 7 个棱角，叶芽下面具有 3 条长棱线，紫褐色。芽紫褐色，具橘黄色芽胶。长枝叶广卵形，基部心脏形，先端急尖，叶片长与叶柄长度相近，短枝叶基部截形，雄性。

三、抗性特点

(一)抗光肩星天牛能力较强

北抗 1 号杨和创新 1 号杨杂交培育这两个品种的主要目的是抗蛀干害虫光肩星天牛。原始试验结果发表在 2010 年 11 月出版的《抗虫杨》第八页（科学普及出版社出版，韩一凡主编）。1995、1996 年进行人工接虫方法比较，1998 年在北京大兴区进行抗虫性检测之后，又在北京怀柔、河北省怀来县，内蒙古自治区呼和浩特市郊区和磴口半流沙丘地带进行生长量、冻害及虫害调查，均未发现有天牛危害。

笔者在 2006 年和 2008 年在河北省邱县、北京顺义区现场调查，发现光肩星天牛危害率在 3％左右，白杨透翅蛾危害率 5％～10％，无冻害现象，食叶害虫轻微，有叶部病害发生，亦较轻度。这一病虫危害程度虽未能达到零危害的程度，但亦应当认为是比较抗虫的。

（二）耐寒性和耐瘠薄

有关试验记载，北抗 1 号杨和创新 1 号杨在北京大兴区、河北省怀来县、内蒙古呼和浩特市和磴口的生长表现，在土地瘠薄低温的立地条件下，仍生长正常。

四、生长水平

有关权威论文指出，北抗 1 号杨和创新 1 号杨"在区域试验过程中已经表现出速生性"、"北抗杨和创新杨具有速生性"、"在北京市大兴区的比较林中北抗杨较创新杨生长速度较快，但在北京市顺义县立地条件较好的苗圃里则创新杨生长较快"。

但查阅各种有关文章，都没有具体的指出这两个品种的速生数据，更无法找到它们的生长过程数据。笔者有幸于 2007 年，在河北省邱县考察期间，发现邱县在杨树丰产林栽培工作方面成绩显著，用创新杨营造人工林面积近 667 公顷。作者调查收集其中一片创新杨人工林，立地条件是平原区两合土，pH 值 7.8，地下水埋深 4.5 米，林木密度为 3 米×6 米，其生长水平为表 5-14 所示：8

年生胸径可达 26.1 厘米,树高 20.83 米,蓄积量 235.006 米³/公顷;年平均生长量高峰期在第 2~4 年,达 4.6 厘米以上,可谓速生水平,蓄积量至第八年始终处于上升状态,速生潜力较大。2008年在顺义县北抗 1 号杨 3 米×6 米密度的丰产林,6 年生平均胸径为 15~16 厘米,树高 11~11.5 米。从这些数据看,可见两个品种的速生水平较高。从 1995 年杂交试验初步成功开始算起,至今已有 18 年之久,但在华北平原暖温带地区,用这两个品种营造人工林或丰产林的栽植面积还是不多,普及程度不够理想。这可能与速生程度和抗天牛危害的程度零危害有点过头有关。为了更好地发挥这两个品种的生产作用,还应在速生性和抗虫性以及地域分布方面做一些有益的研究。

表 5-14 创新 1 号杨人工林生长过程表

河北省邱县　　栽植密度:3m×6m　单位:胸径:cm,树高:m,蓄积量:m³/hm²

林龄	总生长量			年平均生长量			连年生长量		
	胸径	树高	蓄积量	胸径	树高	蓄积量	胸径	树高	蓄积量
1	3.97	4.53	1.870	3.97	4.53	1.870			
2	9.27	8.10	13.937	4.64	4.05	6.969	5.30	3.57	12.067
3	15.75	11.44	51.123	5.25	3.81	17.041	6.48	3.34	37.186
4	18.51	14.74	87.775	4.63	3.69	21.944	2.71	3.30	36.652
5	21.05	16.42	124.101	4.21	3.28	24.820	2.04	1.68	36.216
6	23.08	18.56	166.144	3.85	3.09	27.691	2.03	2.14	42.043
7	24.86	19.68	202.569	3.55	2.81	28.938	0.78	1.12	36.425
8	26.10	20.85	235.006	3.26	2.61	29.376	1.24	1.17	32.437

第七节 廊坊杨

一、起 源

廊坊杨(*P. deltoide* Bartr. Cl. 'Langfang')是 20 世纪 70 年代工作于天津市水稻作物研究所的凌朝文工程师,通过人工杂交培育而成的美洲黑杨无性系,共有 3 个无性系类型,原定名为冀廊杨 1 号、2 号、3 号。凌朝文后调到廊坊市农林科学研究所,将冀廊杨种条带到廊坊市农林科学研究所(现为研究院)。

廊坊市农林科学研究所将冀廊杨改名为廊坊杨,并进行了大量繁殖和发展,其间增加了一个廊坊杨 4 号。

凌朝文杂交培育的廊坊杨 1、2、3 号的杂交亲本是:

母本为山海关杨,父本为 I-63/51 杨(*P. deltoide* Bartr *Cl.* 'Harvand')。

廊坊杨 2 号:母本为 I-69/55 杨,父本为山海关杨。

廊坊杨 3 号:母本为山海关杨,父本为小美 12(*P. x iaoxhua-nica*-12)和白榆(*Ulmus pumila*)的混合花粉。

以后,廊坊市农林科学研究院宣传的廊坊 4 号杨:母本为山海关杨,父本是小美 23 和白榆的混合花粉。

有知情人认为,在凌朝文的科研原始记录中,不存在小美 23 杨与白榆的混合花粉的记录,更没有山海关杨与小美 23 小白榆的杂交组合的记录,也没有关于廊坊杨 4 号有关杂交的科研记录。同时,在现实中,廊坊杨 3 号与 4 号的形态特征极为相同,因此认为廊坊 4 号杨这一品种是不存在的。关于这一问题,至今仍虽有争论,但知情人刘月居明确否定了廊坊 4 号杨的存在。

二、形态特征

笔者与廊坊市农林科学研究院武惠宵硕士在 2002 年观测的形态特征记录于下：

(一)廊坊杨 1 号的形态特征

廊坊杨 1 号树干通直,树冠长椭圆形。树冠圆满尖削度小,树冠稀疏,一级侧枝较粗,冠内侧枝与主干夹角 80°～90°,上部侧枝夹角较小,为 40°～60°。树皮上部灰绿色,下部灰褐色粗糙浅纵裂,具 3 条棱线,皮孔疏松。长枝叶三角状卵形,基部微红色,有二腺点,叶柄与叶脉长之比为 0.6：1,干芽绿色。短枝叶三角状卵形,基部截形,先端圆突尖,两面光滑,叶缘波状锯齿,叶中脉绿色,叶柄与中脉长之比为 0.7：1,1 年生茎表面具 3 条棱槽,皮孔圆或长圆形,分布均匀。弱雌株,雌花序长 6～8 厘米,苞片较小,褐色或深褐色,子房绿色,椭圆形或圆形。果序长 8～16 厘米,粗0.5～1.0 厘米,蒴果 30～50 个,蒴果圆形,直径 0.5～1.0 厘米,成熟时 2～3 瓣裂,内有种子 10 粒以上。种子黄白色,由于果穗极少,往往看不到飞絮,蒴果开裂后,种子随风飞走。

(二)廊坊杨 2 号的形态特征

廊坊杨 2 号与廊坊杨 1 号相近似,不同之处主要有:侧枝夹角较小,下部近 80°,上部 30°～50°,因而树冠较窄;侧枝较细,芽上部为紫红色,下部为绿色;叶形三角形;短枝叶柄与叶脉长之比为0.9：1,长枝叶柄与叶中脉长之比为 0.7：1;成熟花序长 5～10厘米,果序较短为 5～13 厘米。

(三)廊坊杨 3 号和 4 号的形态特征

廊坊杨 3 号与 4 号形态极为相近或相同,其共同的形态特征是:雄株,树干通直尖削度小,大树树冠椭圆形或瘦长圆柱形,层次分明,侧枝细,每层侧枝较少,树冠较稀疏,树干与侧枝的夹角,树冠下部为 55°～60°,中上部为 30°～40°;树皮灰绿色,下部黑褐色,粗糙纵裂,根基部近方形(廊坊杨 4 号不明显);短枝浅褐色,叶三角形,长宽近相等,基部圆楔形,先端细窄渐尖;叶缘波状锯齿,叶柄与叶中脉长之比为 0.9:1;长枝茎表面有三角木栓棱线,绿色或浅褐绿色,皮孔分布均匀;叶三角形或三角状卵圆形,长与宽近相等;基部波状心形,先端细窄渐尖;叶柄及叶中脉绿色微细,具 0～2 腺点,芽瘦长,绿色,长大于 1 厘米,有黏液,芽鳞光滑,雄花长 7～10 厘米,苞皮小,褐色或深褐色,尖裂,具缘毛。

三、生态特性

(一)比较耐旱

在河北省廊坊市、保定市、沧州市所属各县栽培表明,在没有灌溉的沙地能正常生长。人工林或防护林平均胸径可达 2.5 厘米,一般为 2.0 厘米;树高可达 1.5 米,一般为 1.0 米。

(二)有一定的耐盐性能

廊坊杨 3 号(及 4 号)在 pH 值 8.9,含盐量 0.25％的土地上能保持正常生长。过去曾认为可耐 0.3％的含盐量,经多年观测,达不到这一水平。

(三)抗蛀干害虫能力较强

廊坊杨 1、2、3 号抗光肩星天牛,经多年调查,林内虫口率近于零。在长势较弱的林内,亦有危害,虫口率可达 5％以上。

(四)对叶部病害抗性较差

在立地条件较差的林地内,常会发生叶锈病、灰斑病、斑枯病和煤污病,一般不能成灾。

四、生长水平

经过多年来实践证明,廊坊杨适生区主要是河北省的中部地区,包括廊坊市、保定市、沧州市所属各县及天津市、北京市一些区、县。

多年来主要用于农田防护林、市、县郊区的行道树和速生丰产用材林。土壤肥沃、灌溉充足、透气性较好的沙质壤土上,年平均生长量高峰期,胸径可达 3 厘米,树高可达 1.5 米,至 10 年人工林,胸径生长可达 23～25 厘米,树高 20 米左右。

经分析,成材木材纤维,廊坊杨 1 号为 1.0628 毫米,2 号为 1.0675 毫米,3 号为 1.2292 毫米,4 号为 1.32 毫米,是造纸材比较理想的树种。

第八节 陕林 3 号及 4 号杨

一、起 源

陕林 3 号杨(*P. deltoides* Bartr Cl. 'shanlin-3')及陕林 4 号杨(*P. deltoides* Bartr × *P. cathayana* Bartr Cl. 'shanlin-4')是陕西省林业科学研究院符毓秦教授等于 1981 年以后的数年中,经人工杂交、实生苗选育、区域性对比试验以及特性鉴别与研究,最后评选出的新无性系,并于 2001 年通过陕西省林木良种审定委员会审定为杨树优良无性系。

陕林 3 号杨母本为 Ⅰ-69/55 杨,父本为 Ⅰ-63/51 杨、卡罗林尼场(*P. deltoldes* Bartr. var. *angulate* Ait. cv. 'Carolin')、密苏里杨(*P. deltoldes* Bartr. *missouriensis* Heary.)的混合花粉。

陕林 4 号杨的母本为 Ⅰ -69/55 杨,父本为青杨。

二、形态特征

(一)陕林 3 号杨

落叶乔木,树冠开张中等。大树树皮纵裂。侧枝夹角 45°左右,侧枝较细。叶片卵圆形,基部楔形或截形,先端突尖,叶中脉浅绿色,叶柄局部粉红,长与叶长近相等。芽支离枝干向外。

(二)陕林 4 号杨

落叶乔木,树干通直圆满,树形美观。树皮幼时青灰色,大树灰褐色,浅纵裂。叶长圆卵形,基部圆楔形,先端渐尖,与青杨树叶相近。侧枝细,开张角度较小,为 30°~45°,芽紧贴树干。

三、抗性表现

陕林 3 号杨及陕林 4 号杨具有相类同的抗性表现,通过 10 余年的栽培观测,主要有:

(一)适生气候区域较广

不但在暖温带气候的关中地区生长良好,在地处中温带的延安地区和渭北地区亦能正常生长,在华北平原亦可生长。

(二)对叶部病害抗性强

多年来无论在中温带和暖温带气候区,栽植的陕林 3 号杨或 4 号杨的人工林内,林内树木少见叶部病害的感染危害,尤其对叶锈病、黑斑病、煤污病抗性很强,因此林内树冠青绿美观。

(三)抗杨树腐烂病和溃疡病

在不同的立地条件下,未发现杨树腐烂病、杨树水泡型溃疡病或树干冻裂现象。

(四)抗天牛

在适生区域光肩星天牛或青杨天牛等蛀干害虫的虫口率为2%～4.5%,危害程度较轻。

四、生长水平

大荔市位于渭河流域下游,关中平原东侧,在一级阶地黑瓣壤土上栽培的陕林3号杨和4号杨人工林,其生长水平如表5-15、表5-16所列。从表中所列10年间生长数据分析,陕林3号较4号生长较快,其生长水平有如下几点:

(一)胸径生长

胸径年平均生长高峰期出现在第4～5年间,陕林3号杨可达3.3～3.4厘米,陕林4号杨可达2.8～2.9厘米。至第十年,两个品种相差不多,为2.3厘米或2.2厘米。连年生长高峰期在第3～4年间,前者可达4.3～4.5厘米,后者稍低为3.5～3.9厘米。

(二)树高生长

树高年平均生长高峰期出现在第4～6年,陕林3号杨最高可达3.2米,陕林4号杨为2.2米,从10年全程来看,前者大于后者。连年生长高峰期,陕林3号杨在第3～5年,最高可达2.8米;陕林4号杨在第5～7年,最高为2.4米。10年间生长水平,前者大于后者。

(三)蓄积量生长

陕林3号杨总生长量第五年为67.693米³/公顷,第十年为197.241米³/公顷;陕林4号杨第五年为42.563米³/公顷,第十年为168.535米³/公顷。前者比后者生长水平高。但从年平均生长和连年生长的生长规律来看,10 年都趋于上升状态,说明其生长潜力较大。

表 5-15　陕林 3 号杨生长过程表

陕西省大荔市西寨　栽植密度:4m×4m

单位:胸径:cm,树高:m,蓄积量:m³/hm²

树龄	总生长量			年平均生长量			连年生长量		
	胸径	树高	蓄积量	胸径	树高	蓄积量	胸径	树高	蓄积量
1	1.6	3.4	0.368	1.6	3.4				
2	4.8	4.7	2.892	2.4	2.4	1.446	3.2	1.3	2.524
3	9.1	7.5	13.601	3.0	2.5	4.534	4.3	2.8	10.709
4	13.6	10.0	37.084	3.4	2.5	9.271	4.5	2.5	23.483
5	16.6	12.8	67.693	3.3	2.6	13.539	3.0	2.8	30.609
6	19.2	15.1	104.059	3.2	3.2	17.343	2.6	2.3	37.175
7	20.4	17.1	131.264	2.9	2.9	18.752	1.2	2.0	27.105
8	21.5	18.8	158.700	2.7	2.7	19.838	1.1	1.7	27.436
9	22.1	20.0	177.384	2.5	2.5	19.709	0.6	1.2	18.684
10	22.8	21.0	197.241	2.3	2.3	19.724	0.7	1.0	19.857

表 5-16　陕林 4 号杨生长过程表

陕西省大荔市西寨　　栽植密度:4m×4m

单位:胸径:cm,树高:m,蓄积量:m³/hm²

树龄	总生长量			年平均生长量			连年生长量		
	胸径	树高	蓄积量	胸径	树高	蓄积量	胸径	树高	蓄积量
1	1.5	3.4	0.334	1.5	3.4	0.334			
2	3.6	4.0	0.542	1.8	2.0	0.771	2.1	0.6	1.208
3	7.1	6.1	7.231	2.4	2.0	2.410	3.5	2.1	5.689
4	11.0	8.4	21.337	2.8	2.1	5.336	3.9	2.3	14.106
5	14.1	10.8	42.563	2.8	2.2	8.513	3.1	2.4	21.226
6	17.2	13.1	77.107	2.9	2.2	12.851	3.1	2.3	34.544
7	18.6	15.4	99.769	2.7	2.2	14.253	1.4	2.3	22.662
8	19.9	17.0	124.500	2.5	2.1	15.563	1.3	1.6	24.731
9	21.2	18.2	149.828	2.4	2.0	16.648	1.3	1.2	25.328
10	21.9	19.3	168.535	2.2	1.9	16.854	0.7	0.9	18.707

第九节　美洲黑杨 L 323、L 324、T 26、T 66

一、起　源

　　山东省林业科学研究院和山东省林木种苗站杨树专家王彦、姜岳忠、于中奎等研究员从国内外引进 51 个杨树新无性系,在进行苗木繁育和苗期观测的基础上,初选出 39 个无性系,于 1996—

1997 年分别在山东省的鲁南、鲁西南、鲁西北、胶东的 18 个县（市、区）建立无性系区域化试验林，经对无性系的生长性状、形质指标、适应性、抗逆性、木材材性等进行综合调查分析，选出了 9 个优良品种，其中包括美洲黑杨 L323、L324、T26 和 T66。(*P. deltoide* Bartr Cl. 'L323')、(*P. deltoide* Bartr. Cl. 'L324')、(*P. deltoide* Bartr. Cl. 'T26')、(*P. deltoide* Bartr. Cl. 'T66')。

二、形态特征

1. L 323 杨　雌性，速生，丰产。分枝均匀，粗细中等，干直，尖削度小。

2. L 324 杨　雌性，速生，丰产。分枝均匀，粗细中等，干直，尖削度小。

3. T 26 杨　雄性，不飞絮，速生，丰产。分枝粗大，树干尖削度较大。

4. T 66 杨　雄性，不飞絮，速生，丰产。分枝粗大，树干尖削度较大。

三、抗　性

1996、1997 年在山东 20 片区域性试验林中，进行各项抗逆性调查，四种杨树的基本抗逆特性：耐干旱、耐寒冷，在山东各地气候条件下生长良好，有较强的耐盐碱性能，对光肩星天牛、桑天牛、杨树溃疡病、黑斑病有较强抗性。木材纤维长度：L 323 杨和 L 324 杨为 0.9～1.0 毫米，T 26 杨和 T 66 杨大于 1.0 毫米。

四、生长水平

已有的记录,在山东各区域内,4 年生人工林 L 323 杨,平均胸径 14.9 厘米,平均树高 12.5 米,单株材积 0.1019 米³;L 324 杨胸径为 15.1 厘米、树高 12.7 米和单株材积 0.1035 米³;T 26 杨胸径为 15.6 厘米、树高 11.4 米和单株材积 0.1007 米³;T 66 杨胸径为 15.8 厘米、树高 11.9 米和单株材积 0.107 米³。4 种杨树人工林生长水平没有本质差别。与中林 46 杨相比较可能稍逊(参考表 5-1、表 5-2),但亦达到较好的丰产水平。

五、适宜栽植区域范围

根据山东省林业科学院和山东省林木种苗站的区域性试验结果认为:L 323 杨和 L 324 杨适生于山东省广大平原地区,T 26 杨和 T 66 杨适生于鲁西、鲁东和鲁中南的平原区域。10 多年来,在山东省上述平原地区已经得到有效推广,营造了较大面积的人工林和防护林网。

第六章　欧美杨林

第一节　加　杨

一、起　源

加杨（*P. canadensis* Moench.）［*P.* × *euramericona*（Dode.）Guinier］是美洲黑杨（*P. deltoides* Bartr.）和欧洲黑杨（*P. nigra* L.）的天然杂交种。1919 年引入河南省开封市禹王台栽植，因其繁殖容易、适应性强，既可营造人工片林，又可"四旁"栽植，因而在 1960 年代在河南全省得到推广栽培，此后，在其他省、自治区得到普遍栽植。

二、形态特征

乔木，雄株，树干通直，雌株稍弯。树皮灰褐色，老时深裂，呈灰黑色。树冠卵形，小枝黄褐色，壮枝灰褐色。芽长圆锥形，先端渐尖，富含胶质。短枝叶近三角形，长 7～16 厘米、宽 6～8 厘米，先端渐尖，基部截形或宽楔形，边缘锯齿圆钝，上面绿色光滑无毛具黏液，叶柄长 4～5 厘米，雌株叶较小。雄株花序长 7 厘米，无毛，每花有雄蕊 15～25，花盘全绿，苞片先端多为棕黄色，状尖裂，雌花序长 3～5 厘米，子房圆形，柱头 2～3 裂，蒴果卵圆形 2～3 裂。

三、分布区域

加杨已于 1978 年列入我国主要造林树种之一。自从引入我国后,栽植区域范围很广,在黑龙江、吉林、辽宁、内蒙古、宁夏、河北、山西、陕西、河南、山东、安徽、江苏、北京、天津等省(直辖市、自治区)都有栽植,但以华北平原、黄河流域、辽河流域分布最多。

四、生物学特性和抗性表现

(一)生物学特性

加杨喜光和湿润的气候条件,在多种土壤上都能生长,在土壤肥沃、水分充足的立地条件下生长良好,有较强的耐旱能力,在年降水量 500～900 毫米的地区生长良好,在年降水量 200～1 300 毫米的地区亦能正常生长。耐寒性能较差,在最低气温－41℃的黑龙江省有冻害,华北平原是最佳适生地区。

(二)抗病虫害性能

在华北平原病虫害感染较轻,可见的有黑斑病、菌核病、杨尺蠖、舟蛾、光肩星天牛危害,但危害程度较轻,不能成灾。在内蒙古黄河灌溉区有冻害,有天社蛾、白杨透翅蛾、青杨天牛、黄斑星天牛(即光肩星天牛)轻度危害。

五、加杨林的立地类型

根据河南省有关科技资料记载,在 20 世纪 90 年代,在河南省境内平原地区栽培的加杨人工林有以下 5 种林型。

(一)沙地加杨林类型

常见于河南省沿河沙地及沙丘上,土壤多为沙质潮土,沙层较厚,肥力差,透水、透气性能好。在沙丘间平凹地上,由于土壤剖面有黏土层出现,夏季常有积水现象。林内茅草占优势,加杨一般生长不良。树高年平均生长量不足 1.0 米,胸径 0.5～1.0 厘米。在土壤较肥沃的细沙潮土上生长良好,7 年生人工林平均树高 11.9 米,平均胸径 15.7 厘米。

(二)盐碱地加杨林类型

多见于豫东沿河两岸低洼的盐碱地。在土壤 pH 值达 9.0 以上时,加杨生长不良,常因夏季积水或盐分重而死亡。在地下水位高,排水不畅的情况下,生长不良,17 年生人工林年平均树高 5.6 米,胸径 5.6 厘米。而在路、渠、沟两侧成多行宽带栽培,株行距 2～3 米,由于沟、渠排水较好,地势较高,林木生长中等。

(三)浅山丘陵区加杨林类型

多见于太行山东麓、伏牛山两侧山麓及桐柏山、大别山北麓的洪积冲积丘陵岗地,土壤质地一般有沙壤、中壤、黏壤等,pH 值 6.5。7 年生加杨林平均树高 15.7 米,胸径 12.5 厘米。

(四)滩地加杨林类型

滩地土壤肥沃、湿润、排水良好,多为两合土,加杨生长迅速,7 年生平均树高 14.8 米,胸径 22.7 厘米,每公顷蓄积量可达 260 米^3。

(五)沙地刺槐加杨混交林类型

在沙区沙土地上营造刺槐和加杨混交林,由于土壤疏松、透气性良好,充分利用了两种树种根系分布特性和刺槐的根系的根瘤菌作用,使林木生长良好。3 年生混交林,加杨平均树高 9.5 米,胸径 9.5 厘米,分别较加杨纯林增加 64% 和 46%。

　　以上 5 种类型,加杨生长水平虽相差较大,但都起到了改善生态环境的良好作用,对于今后栽培加杨人工林,具有实际意义的参考价值。

六、生长水平

　　辽宁省至今已有 10 多年没有栽培加杨,因此无法收集近期栽培的加杨人工林或防护林种植数据。

　　辽宁省在 1980、1990 年代曾大力推广加杨的栽培,将加杨纳入省内推广树种之一,该省的杨树研究所在 1990 年以前系统地进行了不同栽植密度的加杨人工林丰产试验,总结出 2 米×2 米、3 米×3 米、4 米×4 米和 5 米×5 米 4 种栽植密度加杨人工林各林龄的木材产量水平(表 6-1);认为 5 米×5 米密度人工林生长量最大,第五年可达 53.052 米³/公顷,第十年可达 221.052 米³/公顷,第十五年可达 388.064 米³/公顷,说明在辽宁省辽河平原,栽培加杨人工林,丰产水平比较高。

　　河南农业大学在 1990 年代在粉沙壤土上生长的加杨人工林的树干解析材料列于表 6-2。从表中标示,10 年生胸径达 17.1 厘米,树高达 16.3 米,18 年生胸径达 25.7 厘米,树高达 19.0 米。单株材积 0.46075 米³,按 4 米×4 米密度每公顷株数 630 株计算,可达 290.27 米³/公顷,木材产量水平较为理想。

　　北京市海淀区郊区玉泉山下一公路上在 20 世纪 60 年代初期栽植的加杨行道树,栽植时每侧 2 行,株距 2 米,行距 1.5 米,笔者经过常年调查记录并经过数学归纳和运算,通过多年的积累,制作成加杨行道树生长过程表列于表 6-3。从表中数据可以做以下分析:

(一)胸径生长

　　胸径总生长量 15 年时即可达到 37.1 厘米,以后逐年增长,至

30 年达到 50.5 厘米。年平均生长量高峰期在 5～15 年,最高可达 2.7 厘米,且随林龄的增长而逐渐下降。连年生长量高峰在第十年,随林龄增长而逐年下降。

(二)树高生长

树高总生长量至 30 年可达 30.2 米,年平均生长量第五年高峰期可达 2.0 米,之后逐年下降至 30 年为 1.0 米。连年生长高峰期在 10～15 年,最高可达 1.1 米。

(三)蓄积量生长

每千米总蓄积量 30 年可达 1 944.506 米^3,年平均为 64.917 米^3,连年生长达到 106.024 米^3。无论是总生长量还是年平均生长量、连年生长量至 30 年总是连续增长而不下降,说明加杨行道树的蓄积量生长潜力较大。

表6-1　不同密度结构对15年生加杨人工林每公顷蓄积量的影响

树龄	2m×2m			3m×3m			4m×4m			5m×5m		
密度 项目	单株材积(m³)	每公顷株数	蓄积量(m³/hm²)	单株材积(m³)	每公顷株数	蓄积量(m³/hm²)	单株材积(m³)	每公顷株数	蓄积量(m³/hm²)	单株材积(m³)	每公顷株数	蓄积量(m³/hm²)
1	0.00066	2500	1.650	0.00060	1111	0.600	0.00035	625	0.219	0.00041	400	0.164
2	0.00287	2500	7.175	0.00781	1111	8.679	000573	625	3.581	0.00579	400	2.316
3	0.00846	2500	21.150	0.03027	1111	32.670	0.02627	625	16.419	0.02575	400	10.300
4	0.02186	1250	27.350	0.05896	1111	65.505	0.07270	625	45.438	0.06609	400	26.436
5	0.03263	831	27.183	0.09814	1111	109.034	0.12953	625	80.956	0.13263	400	53.052
6	0.04853	833	40.425	0.12961	1111	143.997	0.19700	625	123.125	0.21397	400	85.544
7	0.06667	833	56.536	0.15494	1111	172.138	0.23057	625	144.119	0.29576	400	118.300
8	0.07954	833	65.257	0.17709	1111	196.747	0.25317	625	158.231	0.36768	400	147.072
9	0.09861	833	82.142	0.21143	1111	234.899	0.28023	625	175.144	0.46054	400	184.216
10	0.12233	833	101.901	0.24086	1111	267.595	0.32770	625	204.813	0.55283	400	221.052

续表 6-1

密度 项目 树龄	2m×2m			3m×3m			4m×4m			5m×5m		
	单株材积 (m³)	每公顷株数	蓄积量 (m³/hm²)	单株材积 (m³)	每公顷株数	蓄积量 (m³/hm²)	单株材积 (m³)	每公顷株数	蓄积量 (m³/hm²)	单株材积 (m³)	每公顷株数	蓄积量 (m³/hm²)
11	0.16490	833	137.362	0.25684	1111	285.349	0.38135	625	238.344	0.65205	400	260.820
12	0.18701	833	155.780	0.29048	1111	322.723	0.43796	625	273.725	0.73749	400	294.996
13	0.22050	833	183.677	0.30980	1111	344.188	0.48059	625	300.369	0.83841	400	335.364
14	0.24590	833	204.835	0.32345	1111	359.353	0.50781	625	317.381	0.90205	400	360.820
15	0.27528	833	229.308	0.33808	1111	375.607	0.54465	625	340.406	0.97016	400	388.064

第六章 欧美杨林

表 6-2 加杨生长进程表

河南省农业大学　　树干解析

树龄	树高(m)			胸径(cm)			材积(m³)		
	总生长量	平均生长量	连年生长量	总生长量	平均生长量	连年生长量	总生长量	平均生长量	连年生长量
2	4.30	2.15		2.2	1.10		0.00113	0.00057	
4	7.90	1.98	1.80	4.6	1.15	1.20	0.00584	0.00146	0.00236
6	11.30	1.88	1.70	9.1	1.52	2.25	0.03149	0.00525	0.01283
8	14.00	1.75	1.35	14.1	1.76	2.50	0.09435	0.01179	0.03143
10	16.30	1.63	1.15	17.1	1.71	1.50	0.15715	0.01572	0.03140
12	17.65	1.47	0.68	19.3	1.61	1.10	0.21475	0.01790	0.02880
14	18.25	1.30	0.30	21.9	1.56	1.30	0.30985	0.02213	0.04755
16	18.65	1.17	0.20	24.5	1.53	1.30	0.40476	0.02530	0.04746
18	19.00	1.06	0.18	25.7	14.3	0.60	0.46075	0.02550	0.02800
带皮				28.3		1.90	0.55781		

表 6-3 加杨行道树生长过程表

北京市海淀区　一边二行　株距2m,行距1.5m

单位:胸径:cm,树高:m,蓄积量:m³/hm

树龄	总生长量			年平均生长量			连年生长量			1千米株数
	胸径	树高	蓄积量	胸径	树高	蓄积量	胸径	树高	蓄积量	
5	13.5	10.2	61.619	2.7	2.0	12.324				1000
10	24.5	15.0	276.285	2.5	1.5	27.629	2.2	1.0	42.933	1000
15	31.1	20.6	571.403	2.1	1.4	38.093	1.3	1.1	59.024	980

续表 6-3

树龄	总生长量			年平均生长量			连年生长量			1千米株数
	胸径	树高	蓄积量	胸径	树高	蓄积量	胸径	树高	蓄积量	
20	37.8	24.9	977.033	1.9	1.2	48.852	1.3	0.9	81.126	960
25	44.2	27.5	1414.388	1.8	1.1	59.164	1.2	0.5	87.471	930
30	50.5	30.2	1944.506	1.7	1.0	64.917	1.2	0.5	106.024	900

第二节　沙兰杨和Ⅰ-214杨

一、起　源

20世纪30年代德国育种专家温特斯坦通过杂交选育出沙兰杨[*P. × euramericana* (Dode) Guinier cv. 'Sacrau-79']。意大利 G. Jacomettii 教授从美洲黑杨栽培种卡罗林杨与欧洲黑杨的天然杂交实生苗中,通过不断选优去劣,于1929年选育出当代著名的速生品种Ⅰ-214杨[*P. × euramericana* (Dode) Guinier cv. 'Ⅰ-214']。中国先后从前联邦德国(1954)、波兰(1959、1969)引进沙兰杨,从罗马尼亚(1965)、意大利(1972)引进Ⅰ-214杨。

根据国内外多年比较研究,沙兰杨和Ⅰ-214杨虽由德、意分别育成,但其形态、物候、生长、材质等特性和特征很难区别,都属黑杨派欧美杨,只有雌株。在我国往往相互混同。

二、形态特征

(一)沙兰杨形态

树干微弯,树冠大而开阔,呈圆锥形,树干基部树皮灰褐色,条状纵裂,裂纹浅而宽,上部树皮灰绿色或灰褐色、光滑,具有明显菱状皮孔,灰白色,零散分布或2至多数横排成行;侧枝角度大,轮生,较稀疏,灰白色或灰绿色,短枝黄褐色;叶三角形,长大于宽,先端渐尖,基部阔楔形或近平截,叶缘钝齿向叶面卷曲,叶边缘半透明,叶柄扁平、光滑、淡绿色常具微红色;叶芽长2厘米左右,花芽长1.5～1.8厘米,花梗绿色无毛,蒴果较大可达1厘米,整个果穗长度可达20～25厘米,种子灰白色。

(二)I-214杨形态

大乔木,树干略有弯曲,树冠长卵形,浓密,树皮灰褐色,浅裂;叶三角形,基部心形,有2～4腺点,叶长略大于宽,叶柄扁平,叶质较厚,深绿色,1年生插条苗下部有棱。

三、分布区域及生态特性

为确定适生范围,在20世纪50年代中国林业科学研究院从北纬24°的广西壮族自治区的柳州市至北纬45°的黑龙江省嫩江地区;东经73°的新疆喀什地区至东经121.5°的上海市;从海拔8.8米的南京到海拔2 261米的西宁:设置了广泛的适生性试验区,试验结果表明沙兰杨和I-214杨对温度及大气干旱程度比较敏感,对光周期反应不大,北界1月份平均气温在－10℃左右,极端最低气温－25℃能安全越冬,南界北纬33°以北可以生长。在此范围内水肥条件较好的广大平原地区生长迅速。

经过几十年的实践证明,沙兰杨和Ⅰ-214杨适宜生长地区应为华北平原地区。属暖温带半湿润气候条件的栽培品种,在中温带和北亚带地区以及半干旱地区都不是适生范围。其适生环境应从以下3方面加以考虑。

第一,气温。低温冻害与越冬性是往北分布的限制因素,长春市、哈尔滨市和内蒙古赤峰市,树冠每年都遭受冻害,树干冻裂严重,经常出现全树冻死,失去栽培价值。适宜栽培的年平均气温为14℃,1月平均气温1~2℃,极端最低气温-20℃~-15℃,河南省的洛阳、南阳,山东省的兖州地带为其丰产中心区。

第二,日照。沙兰杨、Ⅰ-214杨对日照长度有明显反应,在长日照条件下延长封顶期,反之则提前封顶,在华北中原地区附近,一般8月下旬封顶,辽宁铁岭往北推迟到9月中上旬封顶,封顶期的推迟削弱了茎干木质化及越冬准备,成为冻害、风干的间接因素。向南在低纬度处,由于日照缩短期大大提前,生长量降低,失去栽植意义。黄东森于1970年春,将沙兰杨、Ⅰ-214杨插植于广西壮族自治区南宁附近的砧板农场,3月份发芽生长,4月份封顶,随后由于不适于生长而死亡。

第三,降水量。华北中原地区,年降水量600~700毫米,是沙兰杨、Ⅰ-214杨最适生长地区,在不具备灌溉条件地区,降水量成为速生丰产的重要前提。

四、生长水平

(一)关于"沙兰杨王"的介绍

沙兰杨和Ⅰ-214杨生长具有速生高产的特点,据国家林业局编中国林业出版社2003年5月出版的《中国树木奇观》第163页介绍,河南省南召县招待所院内生长着一株沙兰杨,人称南召沙兰杨王。有关资料记录于下:

1964 年,南召引入沙兰杨枝条扦插育苗,1965 年定植。到 1974 年,尚属少年的沙兰杨,树高已达 24.3 米,胸径 52.8 厘米,活立木材积 2.07469 米³,年平均高生长量 2.209 米,胸径生长量 4.80 厘米,材积生长量 0.18861 米³。1997 年,先后被中国林业科学研究院和国际杨树学会评选为最佳单株。目前,该植株已逾而立之年,进入过熟期,但各项指标仍在增长,树高达 36 米,胸径 105 厘米,活立木材积 12.73725 米³,其中主干材积 10.85223 米³。至今该树树龄已达 47 年,仍健壮生长。

(二)河北省望都县沙兰杨人工林生长规律

河北省保定市望都县唐河南岸的河岸风积沙地上,由笔者与杨志敏博士、赵天锡研究员设置的沙兰杨速生丰产研究基础上,经过近 10 年的定点观测,取得沙兰杨生长过程实测数据,列于表 6-4 至表 6-6。

1. 胸径生长　沙兰杨 3 米×6 米或 4 米×6 米栽植密度的胸径生长量相近似,5 年生可达 19 厘米以上,9 年生可达 25.53 厘米和 26.05 厘米,年平均生长高峰期都在第 3~4 年,高达 4.27~4.47 厘米和 4.34~4.64 厘米。第 1~8 年,年平均生长都处于 3 厘米以上,可谓速生水平。连年生长高峰期在第 2~3 年,高达 4.24~5.80 厘米和 4.86~5.07 厘米。

I-214 杨胸径 5 年生 17.5 厘米,10 年生可达 24.6 厘米,年平均生长高峰期为第 3~4 年,达 3.8~4.1 厘米。

2. 树高生长　沙兰杨树高生长,两种密度相差较大,9 年生 3 米×6 米为 19.56 米,4 米×6 米为 25.53 米,年平均生长和连年生长亦有差异。

I-214 杨 5 年生树高 14.3 米,10 年生 19.7 米,年平均生长高峰期在第 3~4 年达 3.1~3.4 米。

3. 蓄积量生长　沙兰杨蓄积量生长水平二者差异较大,3 米

×6米的9年生为208.485米³/公顷,4米×6米为169.425米³/公顷,看来,以3米×6米密度栽培沙兰杨丰产林生长水平较高。

Ⅰ-214杨5年生蓄积量达84.39米³/公顷,10年达220.8米³/公顷;至第十年,蓄积量始终处于上升状态,长势不减。

表6-4　沙兰杨人工林生长过程表

河北省望都县　栽植密度:3m×6m　单位:胸径:cm,树高:m,蓄积量:m³/hm²

林龄	总生长量			年平均生长量			连年生长量		
	胸径	树高	蓄积量	胸径	树高	蓄积量	胸径	树高	蓄积量
1	3.38	4.31	1.185	3.38	4.31	1.185			
2	7.62	6.87	8.160	3.81	3.44	4.080	4.24	2.56	6.975
3	13.42	11.01	35.850	4.47	3.67	11.950	5.80	4.14	27.690
4	17.06	14.49	72.255	4.27	3.62	18.063	3.64	3.48	36.405
5	19.17	15.25	95.175	3.83	3.05	19.035	2.11	0.76	22.920
6	21.55	18.24	139.890	3.59	3.04	23.315	2.38	2.99	84.715
7	23.62	18.96	173.730	3.37	2.71	24.819	2.07	0.72	33.840
8	25.02	19.23	197.160	3.13	2.40	24.645	1.40	0.27	23.430
9	25.53	19.56	208.485	2.84	2.17	23.165	0.46	0.33	11.325

表6-5　沙兰杨人工林生长过程

河北省望都县　栽植密度:4m×6m　单位:胸径:cm,树高:m,蓄积量:m³/hm²

林龄	总生长量			年平均生长量			连年生长量		
	胸径	树高	蓄积量	胸径	树高	蓄积量	胸径	树高	蓄积量
1	4.00	3.84	1.185	4.00	3.84	1.185			
2	8.86	7.70	9.045	4.43	3.85	4.552	4.86	3.86	7.860

续表 6-5

林龄	总生长量			年平均生长量			连年生长量		
	胸径	树高	蓄积量	胸径	树高	蓄积量	胸径	树高	蓄积量
3	13.93	12.87	33.090	4.64	4.29	11.030	5.07	5.17	24.045
4	17.36	13.20	45.615	4.34	3.30	11.404	3.43	0.33	12.520
5	19.61	14.60	72.690	3.92	2.92	14.538	2.25	2.40	27.075
6	21.93	17.75	108.165	3.64	2.96	18.028	2.32	3.15	35.475
7	24.09	19.07	137.445	3.44	2.72	19.635	2.16	1.32	29.280
8	25.13	19.73	154.020	3.14	2.47	19.253	1.04	0.66	16.575
9	26.05	20.27	169.425	2.89	2.25	18.825	0.92	0.54	15.005

表 6-6　Ⅰ-214 杨人工林生长过程表

河北省望都县　栽培类型:壤土,沙质壤土,壤质沙土;地下水位 2~4m;栽培密度:4m×4m

林龄	总生长量			年平均生长量			连年生长量		
	胸径 (cm)	树高 (m)	蓄积量 (m³/hm²)	胸径 (cm)	树高 (m)	蓄积量 (m³/hm²)	胸径 (cm)	树高 (m)	蓄积量 (m³/hm²)
3	12.2	10.2	31.31	4.1	3.4	10.44			
4	15.2	12.5	57.02	3.8	3.1	14.26	3.0	2.3	25.71
5	17.5	14.3	84.35	3.5	2.9	16.87	2.3	1.8	27.33
6	19.4	15.7	111.99	3.2	2.6	18.66	1.9	1.4	27.64
7	20.9	16.9	139.75	3.0	2.4	19.96	1.5	1.2	27.76
8	22.3	18.0	167.58	2.8	2.3	20.95	1.4	1.1	27.83
9	23.5	18.9	194.72	2.6	2.1	21.64	1.2	0.9	27.14
10	24.6	19.7	220.80	2.6	2.0	22.08	1.1	0.8	26.08

(三)河南省民权县沙兰杨人工林生长规律

表 6-7 是生长在河南省民权县两合土上的沙兰杨人工林,其生长规律与望都县的相似,但生长水平较高,10 年生总生长量胸径 29.73 厘米,树高 25.32 米,蓄积量 275.266 米³/公顷,分别比望都县 4 米×6 米人工林高出 14.1%、24.9%和 28.5%。

表 6-7 沙兰杨人工林生长过程表

河南省民权县　　栽植密度:4m×6m　　　　单位:胸径:cm,树高:m,蓄积量:m³/hm²

林龄	总生长量			年平均生长量			连年生长量		
	胸径	树高	蓄积量	胸径	树高	蓄积量	胸径	树高	蓄积量
1	4.04	3.88	1.280	4.04	3.88	1.280			
2	8.95	7.78	9.541	4.48	3.90	4.771	4.91	3.90	8.261
3	13.47	12.41	31.065	4.41	4.14	10.355	4.54	4.63	21.524
4	17.56	15.22	61.919	4.39	3.81	15.480	4.09	2.81	30.854
5	21.01	17.82	101.057	4.20	3.56	20.211	3.45	2.60	39.138
6	23.67	19.79	140.235	3.95	3.30	23.372	2.66	1.97	39.178
7	25.18	21.13	168.079	3.60	3.02	24.011	1.51	1.34	27.844
8	26.89	22.66	203.900	3.36	2.83	25.487	1.71	1.53	35.821
9	28.53	24.06	242.064	3.17	2.67	26.896	1.64	1.40	38.164
10	29.73	25.32	275.266	2.97	2.53	27.527	1.20	1.26	33.202

(四)河南省洛宁县沙兰杨四旁树生长水平

表 6-8 是该县浅山丘陵地四旁树,表 6-9 是河南省洛宁县海拔 800 米的土石山地上生长的四旁树,从这两个表中记录的沙兰杨树干解析数据可知,胸径和树高的生长量都体现出速生水平,而且至 19 年生,其长势仍然旺盛,胸径分别达 45.6 厘米和 59.6 厘

米,树高分别达到 24.02 米和 24.03 米。说明在不同立地条件下,沙兰杨仍然可以速生培育大径级的树木。

表 6-8 沙兰杨生长过程(树干解析木)表

河南省洛宁县土石山区,海拔 800 米棕色森林土山路边四旁树

树 龄	胸 径 (cm)	树 高 (m)	材 积 (m³)
1	0.80	3.05	0.00015
2	1.60	3.83	0.00072
3	2.46	5.33	0.00167
4	5.20	6.78	0.00720
5	8.10	8.38	0.01900
6	11.58	9.89	0.04583
7	15.10	11.90	0.09163
8	19.15	14.40	0.17420
9	23.05	17.50	0.29940
10	27.15	19.30	0.45811
11	31.65	20.55	0.66288
12	36.10	22.00	0.92323
13	39.95	23.02	1.15422
14	43.75	23.82	1.43235
15	45.60	24.02	1.52988
(皮)	(48.70)		(1.74496)

表 6-9　沙兰杨生长过程(树干解析木)表

河南省洛宁县浅山丘陵四旁树

树　龄	胸　径 (cm)	树　高 (m)	材　积 (m³)
1	0.75	2.25	0.00013
2	1.5	2.80	0.00047
3	3.4	4.60	0.00277
4	6.4	7.99	0.01286
5	10.8	11.07	0.04167
6	15.3	12.97	0.10502
7	19.4	14.01	0.18706
8	23.0	15.53	0.28226
9	27.2	16.44	0.40494
10	31.1	17.80	0.59185
11	34.8	19.65	0.87343
12	38.4	21.28	1.02852
13	42.3	21.82	1.30636
14	46.7	22.02	1.58827
15	50.7	22.81	1.89780
16	54.4	23.04	2.17040
17	56.4	23.31	2.33758
18	58.0	23.91	2.46958
19	59.6	24.03	2.53786
(带皮)	(61.0)		(2.89771)

（五）防护林

河南省于 20 世纪 80、90 年代用沙兰杨、Ⅰ-214 杨营造农田防护林尤为普遍。由于所在立地水肥充足，其生长量远远超过人工片林。一般多采用 2～5 米株距单行栽植，胸径年平均生长量最大可达 5.4 厘米，蓄积量每年平均生长量可达 51 米³，既可起到农田防护效益，又能在短期内获得大径原木。表 6-10 是防护林生长统计表。

表 6-10　沙兰杨、Ⅰ-214 杨防护林带生长表

地　点	立地条件	栽植密度 (m×m)	行　数	树　龄 (a)	树　高 (m)	胸　径 (cm)	蓄积量 (m³/hm)
河南省许昌	沙　壤	4	1	7	21.0	38.0	221.298
河南省洛宁	沙　壤	1×2	2	8	15.5	15.5	113.641
河南省许昌	沙　壤	4	1	8	21.0	34.6	183.469
河南省洛宁	沙　壤	4	1	9	15.2	15.3	54.470
河南省许昌	沙　壤	4	1	9	25.0	48.5	420.366
河南省栾川	黏　壤	5	1	9	24.5	38.4	207.059
河南省许昌	沙　壤	4	1	10	24.0	54.6	213.787
河南省许昌	沙　壤	4	1	10	23.0	39.8	210.336
河南省许昌	沙　壤	5	1	10	25.0	43.9	275.527
河南省许昌	沙　壤	5	1	10	24.0	46.0	291.745
河南省济宁	黏　壤	2	1	11	24.7	37.0	484.076
河南省许昌	沙　壤	4	1	11	25.0	43.6	339.717
河南省洛宁	沙　壤	2	1	12	30.0	39.8	666.966

续表 6-10

地 点	立地条件	栽植密度 (m×m)	行 数	树 龄 (a)	树 高 (m)	胸 径 (cm)	蓄积量 (m³/hm)
河南省洛宁	黏 壤	2	1	12	25.0	34.2	418.049
河南省洛宁	黏 壤	2	1	12	26.5	34.1	437.807
河南省洛宁	黏 壤	3	1	12	25.0	41.1	407.990

五、应重新启用发展沙兰杨和 I-214 杨

从上述各项内容来看,沙兰杨和 I-214 杨在华北平原表现出速生和抗性强,无冻伤少有病虫害发生,尤其是少有蛀干害虫的危害的优势。无论是人工林或是防护林,都可以培育成大径优质良材,是十分理想的树种,在历史上起到了良好的作用。

在历史的演进过程中,由于种种原因,一度中断了对沙兰杨和 I-214 杨的栽培和利用。对比起来分析,现在一些引进的欧美杨或美洲黑杨品种,在某些特性方面还比不上沙兰杨和 I-214 杨。近期杂交培育的美洲黑杨新品种,其生长特性和抗性能力与沙兰杨和 I-214 杨比较,其优势并不明显。

幸运的是,至今在华北地区仍然留存有沙兰杨和 I-214 杨的种条和大树,重新启用这两个品种具备良好的种苗基础。

为此,在这里提出建议,在杨树栽培和利用方面,应尽可能地重新采用沙兰杨和 I-214 杨。

第三节 欧美杨 107、欧美杨 108

一、起 源

欧美杨 107(*P. × euramericana* cv. '74/76')是意大利杨树研究所 1974 年登记注册的无性系,母本是美国伊里诺斯州的美洲黑杨,编号 55-071,父本是意大利中部的欧洲黑杨,编号 165-014。1984 年中国林业科学研究院张绮纹从意大利引进,1990 年选育成功,编号为 107 号,故又名欧美杨 107。已通过国家"七·五"科技攻关鉴定,被列为国家林业局重点推广项目,并通过国家级品种认定和植物新品种登记。

欧美杨 108(*P. × euramericana* cv. 'Guariento')是意大利罗马农林研究中心选育出的欧美杨天然杂种,由意大利杨树研究所保存,以意大利画家'Guariento'命名,故植物新品种登记名为库安托 108 杨。1984 年由中国林业科学研究院张绮纹引入我国,经 16 年选育于 2000 年通过'九·五'科技攻关鉴定,引入国家林业局科技重点推广成果和通过国家品种认定,并已进行了植物新品种登记。

二、形态特征

(一)欧美杨 107

欧美杨 107 苗干通直,苗干中部皮孔分布均匀,苗干皮灰青褐色,有明显棱线,叶片三角形,质厚,秋季为深绿色,叶边缘皱,具波浪形,叶芽钝三角形,长 6 毫米左右,顶端褐色,基部淡绿色;叶芽与茎相贴紧密;大树树体高大,树干通直,树冠较窄;分枝角度

45°,侧枝较粗;叶片小而密,满冠;树皮灰色较粗。

(二)欧美杨 108

欧美杨 108 为雌株,苗干通直,叶片三角形,质厚,深绿色;基部淡绿色,叶芽紧贴苗干,苗干有明显棱线;茎皮颜色较欧美杨 107 略深;大树树干通直,树冠窄,尖削度小,主干与侧枝夹角约 45°,树皮粗糙,皮孔菱形,树皮深褐色。

三、生态特性和抗病虫害能力

(一)生态特性

107 杨和 108 杨主要特征为较速生,在华北地区水肥条件好、土壤透气性好的河滩地沙壤土地带,年平均生长量胸径可达 3～4 厘米,树高可达 3 米,与其他欧美杨类同;常规扦插育苗成活率较高;木材纤维长度 1.044 毫米,基本密度 0.322 克/厘米^3。

根据上述对生态环境的要求,从 10 多年的栽培经验分析,107 和 108 杨的适生地主要是华北平原的河北、河南及山东省。在过去栽培实践中,地处湖北省的北亚热带气候区,地处辽宁省的中温带半湿润气候区以及半干旱的内蒙古自治区、宁夏回族自治区、甘肃、新疆和青海省等地区栽植 107、108 杨都因冻害引发溃疡病,蛀干天牛严重危害而导致死亡。

(二)抗病虫害能力

2004—2005 年,笔者在河北省高碑店市、霸州市、雄县、大城县、任丘市、河间市和献县的 107 杨人工林中发现有杨树溃疡病、杨树腐烂病,在林内危害株率一般达到 20％～30％,严重的可达 80％以上,加之树干上创伤面积较大,致使病树死亡,即使勉强能存活,也不能成材。在局部地区,叶部病害锈病危害较重。

在虫害方面,在大城县的 107 杨人工林中,发现有大面积、高密度分布的杨白潜叶蛾的白色越冬蛹附贴在树干上,多的在 10 厘米² 的树干上,附贴的虫茧密度高达 100~195 个。严重影响着树木的生存。干部害虫还有白杨透翅蛾、桑天牛危害,在叶部还有舟蛾类虫害危害。但在其他一些地区 107 杨的病虫害危害程度较轻。不同地区栽植的 107 欧美杨对病虫害感染程度有较大差异。究其原因,可能与栽植地区的立地条件有关,也可能是 107 欧美杨个体间有差异。山东省潘礼晶等同志对欧美杨 107 经过 5 年的对比选优之后,获得Ⅰ-107 杨优良无性系,当前在全省栽培表现出溃疡病、天牛等病虫害危害程度较轻的优势,从中是否可以寻找出其中的原因。Ⅰ-107 杨实际上就是从欧美杨 107 中遴选出的一个无性系。

四、生长水平

　一般社会舆论认为 107 杨是超速生树种,胸径年生长量甚至可达 8~9 厘米,树高年生长量可达 4~6 米,但这些观点都缺少科学的论据。在客观上应当认为 107 杨是一种比较好的速生树种(108 杨相比之下,生长稍慢),可惜的是笔者未能收集到这类超速生长量数据,也未能测定到 107 杨人工林逐年的生长过程数据,只是在考察过程中,粗略地观测到 107 杨的胸径年平均生长在 3~4 厘米之间,树高在 1.5~2.0 米。

　山东省菏泽市林业局赵合娥高级工程师从 1995 年开始的数年中,在菏泽市的单县、东明县、定陶县杨树品种对比林,进行各品种的生长水平和生长规律的观测研究。表 6-11 至表 6-13 是 107 杨、中林 46 杨和中菏 1 号杨的生长量对比数据。从这 3 个表中所列数据可以认为:

(一)107 杨生长水平

　107 杨胸径年平均生长高峰期在 3、4 年间,最高可达 3.8 厘米,一般在 3.3～3.6 厘米,树高年平均生长高峰期在 3～4 年间,最高可为 4.1 米,一般 3.1～3.4 米,蓄积量年平均生长第五年为 11.703 米³/公顷,按 667 米² 为单位计算,为 0.78 米³/667 米²。详见表 6-11。

表 6-11　Ⅰ-107 杨人工林生长过程表

山东省曹县五里墩　栽植密度:4m×6m　单位:胸径:cm,树高:m,蓄积量:m³/hm²

林龄	总生长量			年平均生长量			连年生长量		
	胸径	树高	蓄积量	胸径	树高	蓄积量	胸径	树高	蓄积量
0	1.8	2.9							
1	3.3	3.4	0.814	3.3	3.4	0.814	1.5	0.5	
2	7.1	8.1	6.503	3.6	4.1	3.252	3.8	4.7	5.669
3	11.3	11.0	21.041	3.8	3.7	6.680	4.2	2.9	13.558
4	15.0	13.7	38.844	3.8	3.4	9.711	3.7	2.7	18.803
5	17.0	15.3	58.513	3.4	3.1	11.703	2.0	1.6	19.709

表 6-12　中林 46 杨人工林生长过程表

山东省曹县五里墩　栽植密度:4m×6m　单位:胸径:cm,树高:m,蓄积量:m³/hm²

林龄	总生长量			年平均生长量			连年生长量		
	胸径	树高	蓄积量	胸径	树高	蓄积量	胸径	树高	蓄积量
0	1.9	2.7							
1	2.9	3.3	0.609	2.9	3.3	0.609			
2	7.4	7.8	6.773	3.7	3.7	3.387	4.5	4.5	6.164
3	11.6	9.9	19.112	3.9	3.3	6.371	4.2	2.1	12.339
4	15.6	13.5	44.261	3.9	3.4	11.065	4.0	3.6	25.149
5	17.8	14.5	60.727	3.7	3.4	12.145	2.2	1.0	16.466

(二)107 杨与中林 46 杨比较

从表 6-11 和表 6-12 所列的 107 杨和中林 46 杨 5 年的生长过程数据对比来看,中林 46 杨略高于 107 杨。例如 5 年生时,中林 46 杨比 107 杨:胸径大 4.7%,树高小 5.5%,蓄积量大 3.8%。

(三)107 杨与中林 46 杨、中菏 1 号杨比较

从表 6-13 中可以看出胸径、树高、蓄积量生产量,中林 46 杨和中菏 1 号杨都超过 107 杨,胸径超过 3.49%～9.88%。树高超过 5.73%～10.83%,蓄积量超过 12.34%～31.74%,当然,这只是在菏泽地区的典型代表,在其他地区,可能不一定如此,这一问题还须做进一步探讨。

表 6-13　中菏 1 号杨、中林 46 杨、Ⅰ-107 杨对比林第 5 年生长比较

山东省曹县五里屯　　栽植密度:4m×6m

林　龄	5 年总生长			差值百分率		
	中菏 1 号杨	中林 46 杨	Ⅰ-107 杨	中菏 1 号杨	中林 46 杨	Ⅰ-107 杨
胸径(cm)	18.9	17.8	17.2	109.88	103.49	100
树高(m)	17.4	16.6	15.7	110.83	105.73	100
蓄积量(m³/hm²)	80.740	68.920	61.288	131.74	112.45	100

第四节　山东省引进的 3 个欧美杨无性系

一、起　源

山东省林业科学院王彦、姜岳忠和山东省林木种苗站于中奎等,在国内外引进 51 个杨树品种中,通过引种试验,选出优良欧美

杨新品种 L 35 欧美杨和 I-102 欧美杨（$P. \times euramericana$ 'L35'、'I-102'）。

山东省宁阳县林业局潘礼晶、赵西珍等同志，从国内引进欧美杨 107，经过选优对比试验，选择出 I-107 欧美杨（$P. \times euramericana$ 'I-107'）。

二、适生区域范围

L 35 欧美杨和 I-107 欧美杨适生于山东省广大平原地区，I-102 欧美杨适生于鲁东和鲁南平原地区。

三、抗病虫害能力

I-107 欧美杨对天牛、溃疡病有较强抗性，并耐干旱、耐瘠薄、抗风折。

L 35 欧美杨和 I-102 欧美杨对桑天牛、光肩星天牛、溃疡病、黑斑病有较强抗性。

四、生长水平

L 35 欧美杨，4 年生人工林平均胸径 15.6 厘米，平均树高 11.3 米，单株材积 0.1140 米³。

I-102 欧美杨，4 年生人工林平均胸径 15.7 厘米，平均树高 11.3 米，单株材积 0.0994 米³。

I-107 欧美杨，4 年生人工林平均胸径 15.17 厘米，平均树高 12.06 米，单株材积 0.1029 米³。

以上摘录于山东省林木种苗站出版的《山东林木良种》（内部资料），这 3 个欧美杨品种，在山东省已成为全省平原地区杨树主栽品种，在平原绿化方面起到了积极良好的作用。

第七章 杨树林栽培技术概要

关于东北平原、华北平原和关中平原杨树人工林、丰产林或防护林的栽培技术，笔者于 1994 年出版的《中国杨树集约栽培》和 2005 年《杨树栽培实用技术》等书中有系统的论述，其他不少杨树栽培专家，亦都有专著出版，可谓是一项比较成熟的应用技术，但是经过几十年的实现，其中亦有不少经验教训和值得进一步提高的问题。本章所阐述的内容，主要从突出关键技术出发进行有针对性的论述，以期达到有针对性的改进和提高，使今后的杨树栽培技术能更好地为生产服务。

第一节 品种选择

杨树栽培离不开杨树品种，品种选择得当与否，直接影响着栽培的效果。在过去几十年中，在东北大平原、华北大平原和关中平原，曾经采用了很多杨树品种，除上述各章节所提及的品种之外，还有未曾提到的几十种，其中很多好品种起到了极为良好的作用，成为杨树栽培工作中的关键之一，但在几十年的历程中，也不乏很多失败或不成功的教训，对于这些教训，实应很好地总结和提高。

一、历史的教训

(一)选优轻率

一些林业科技工作者以生长快为主要目标，在本地杨树经营活动过程中,有时发现一些优良单株就选择成为优树,对于这些所选择的优树,往往未经试验观测和专家鉴定,就盲目采集种条繁殖、育苗,并进一步做不够客观的宣传推广,最后发现这类所谓的优树往往是品质低劣、生长缓慢、抗病虫能力极差。例如地处华北平原的大官杨和地处东北平原的双阳性杨就是突出的例子。其他还有类似的事例在此不一一列举了。

(二)引种盲目

在 20 世纪 50~60 年代,由于杨树品种匮乏,为满足大面积造林的需要,通过各种渠道,曾经引进在西北半干旱地区生长的箭杆杨、钻天杨等杨树品种,解决了一时的缺苗之困,但随后却发现这类杨树在华北地区不能很好地生长,还发生各种病虫害,在一度兴起之后,逐渐被淘汰。类似事例还有不少。

在东北平原,在 20 世纪 70~80 年代为了能获得生长迅速的杨树品种,曾引进马里兰杨($P. \times euramericana$ cv. 'Marilandica' Bose.)、晚花杨($P. euramericana$ cv. 'sevotina'-272 Bose.)、波兰 15 号杨($P. \times euramericana$ cv. 'Polsua 15A')、健杨($P. \times euramericana$ cv. 'robusta')、沙兰杨、大叶杨($P. lasiocarpa$ Oliv)。这些品种多属于欧美杨亚派或大叶杨派,完全不能适应中温带半湿润气候条件,在东北平原必然要失败。更值得提出的是,有一些科技工作者,从国外引进的一些杨树品种,往往良莠不齐,引入国内后,缺少区域性试验和实事求是的科学鉴定,使推广造林后酿成大乱。例如,在 20 世纪 90 年代风行于华北平原的露依莎杨($P. \times euramericana$ cv. Lougisa),蛀干害虫天牛危害十分严重,虫株率达 80% 以上,杨树溃疡病、腐烂病亦十分严重,危害率多达 90% 以上,使得露依莎杨种植地区成为病虫害的滋生地和发源地,因此,很快遭到淘汰,经济损失巨大。

（三）利益驱使

在新品种推广过程中，往往会因某些利益所驱使过分地扩大品种的适生区域范围以便从中能获取更多的经济利益和名誉地位，从而使生产经营者造成不必要的经济损失。例如，将廊坊杨主观地推广到吉林省和辽宁省，甚至宁夏、内蒙古，结果廊坊杨在辽、吉、内蒙古不能越冬而导致死亡，造成损失。

二、品种选择应遵循的原则

在选择杨树品种时，习惯于首先选速生高产品种，其次是抗病虫性能强的品种，现在看来，仅此条件，不够全面，因此，应遵循以下原则：

（一）以促进栽培地区生态环境良性循环为主旨

无论是东北大平原、华北大平原或关中平原，都是我国工农业，尤其是农业生产的重要基地，这些地区社会经济发达，人口密集，生产、生活、生存的环境条件必须得到持续不断地改善和提高。在这种社会经济条件下，林业首当其冲的任务就是为本地区的工农业生产的发展，人民生活的改善而提高生态环境质量。在这样一个前提下，选择杨树品种，就应当对该品种的生态特性进行深入的了解和研究，所选择品种的生态习性应能符合提高所在地区生态环境的要求，而不是相反，过去都是考虑地区的环境条件能否满足品种栽培的环境要求，现在看来这是本末倒置的要求，必须改正过来。

（二）以满足防护林种的要求为前提

在平原农区杨树栽培的林种主要是以防护为目的的防护林，即使是人工片林，其目的亦应以防护与用材兼顾，对于这样的杨树树林，它本身就是有利于农业生产，不争水，不争肥，或少争水少争肥。这样一来,在树品种选择方面,就应当是不需大水大肥节水型的品种,树冠要小一点,根系要深一点。对这样的选择条件,欧美杨类品种应当不是首选。

(三)强调抗蛀干害虫、抗溃疡病能力强

青杨天牛、杨干象、白杨透翅蛾是东北平原危害普遍严重的杨树蛀干害虫。光肩星天牛、云斑天牛、白杨透翅蛾是华北平原和关中平原严重危害杨树的蛀干害虫。溃疡病、腐烂病是各个平原地区频发存在的杨树干部病害。这些病虫害一旦发生,不但会极大地影响林木质量,而且在防治过程中施用药剂会不同程度地污染环境卫生,从而污染农作物。在选择杨树品种时,必须十分强调对这些病虫害的抗性能力。

(四)不过分强调速生水平

任何杨树品种,其速生程度都与大水大肥高标准付出成正比。过分追求高速生长,必然过度灌溉大量耗水,从而引发地下水下降与农业争水争肥,影响农业生产。全面权衡,在平原农区,不应过分强调速生水平。

三、适宜品种推介

(一)推介依据

第一,根据上述品种选择应遵循的四项原则。

第二,根据第3~6章所阐述的各品种的适生区域,生态特性,抗病虫害能力及生长水平和生长规律。

第三,根据笔者对黑、吉、辽、冀、豫、鲁、京、津诸省、直辖市地方的林业主管单位、林业研究单位、林场、苗圃等一些杨树科技工作者的共计56次现场专访和电话采访专项调研所得信息。

(二)推介杨树品种

1. 东北大平原　即中温带半湿润气候区。

首选:黑小杨(迎春 5 号杨),小黑杨,中绥 4、12 号杨,中荷 64 杨(辽河平原及辽东半岛),银中杨(城市绿化和风景林)。

可选:中黑防 1 号、2 号、3 号杨,白城 2 号杨,白林 2 号杨。

2. 华北大平原　即暖温带半湿润气候区。

首选:毛白杨,中林 46 号杨,沙兰杨,Ⅰ107、欧美杨,北抗 1 号杨,创新 1 号杨,欧美杨 107,中菏 1 号杨(河南省南部及山东省平原地区),中驻杨,中民杨(河南省南部平原)。

可选:Ⅰ-69/55 杨,加杨,山海关杨,廊坊杨 1、2、3 号(海河平原),窄冠白杨 1、3、4、5、6 号(林农间作树种)。

3. 渭河流域关中平原

首选:陕林 3、4 号杨,中林 46 杨,沙兰杨。

可选:84K 杨,Ⅰ-69/55 杨。

四、盐碱地造林树种选择

由海河水系与古黄河长期泛滥冲积而成的低平原、海河与渤海湾间的滨海平原,以及黄河三角洲的盐碱地,土壤盐分组成都以氯化物为主,占可溶性盐总量的 80% 以上,0~100 厘米土体平均含盐量达 0.58%,地下水埋深一般 2~3 米,地下水矿化度 10~40 克/升,高的可达 200 克/升。由于杨树的耐盐程度都较低,在这样的盐碱地上,不宜栽植杨树,建议采用耐盐树种。下列是可采用的树种的耐盐范围:刺槐(0.3%~0.55%)、绒毛白蜡(0.3%~0.55%)、苦楝(0.25%~0.5%)、枣树(0.3%~0.55%)、白桑(0.3%~0.55%)、杜梨(0.3%~0.55%)、枸杞(0.4%~0.7%)、紫穗槐(0.4%~0.7%)、杞柳(0.3%~0.45%)、臭椿(0.3%~0.4%)、垂柳(0.3%~0.4%)、沙棘

（0.25%～0.4%）、桃（0.25%～0.4%）、构树（0.3%～0.4%）、火炬树（0.25%～0.4%）、侧柏（0.2%～0.4%）。仅供参考。

第二节　育苗技术

一、营养枝扦插育苗技术

杨树营养枝扦插育苗技术已经非常成熟，在笔者主编的国家林业行业标准 LY/T 1716—2007《杨树栽培技术规程》中已有规范性的阐述，现针对东北平原和华北平原以及关中平原的特点摘录于下：

（一）种条采集

在苗木落叶进入休眠状态的深秋或树液将要流动之前的初春采集。采穗圃母株上生长健壮的种条、扦插苗当年生长的干条、幼龄树上当年生长健壮的萌芽条。

（二）插穗的质量规格

用木质化程度高、芽饱满健壮、无病虫害的优良营养枝条剪成插穗，插穗长 15～18 厘米，小头直径 1 厘米左右，上切口平切，下切口马耳形，每根插穗保留 3～4 个芽，最上 1 个芽的位置应离上切口 1 厘米左右。插穗应按枝条的上、中、下 3 个部位归类，以中间部位即苗干的 1/3～2/3 处的插穗质量最好。为便于操作，将插穗按一定数量捆成捆。

（三）种条和插穗的贮藏

种条和插穗的贮藏一般采用窖藏法和沙藏法。

（四）苗圃整地、消毒和施基肥

秋季或翌年初春用机引犁深翻 25 厘米，翻后不耙，借以晾晒土壤,消灭病虫害。秋翻后,在第二年早春土地化冻后耙2次,使土壤充分粉碎、疏松。做高垄,垄底宽50～70厘米,垄面宽20～30厘米,垄高15～20厘米,南北垄向。亦可平床育苗,平床宽1～3米,带状作业。无论做高垄或平床都要结合整地进行土壤消毒。同时,施基肥45～75吨/公顷(3～5吨/667米²)和复合肥750千克/公顷(50千克/667米²)。亦可根据土壤肥力程度酌情增减。

(五)扦插技术

1. 插穗处理 在扦插前,将插穗用清水浸泡2天,充分吸足水分后即可扦插。必要时,可用甲拌磷乳油配成1∶500倍药液浸泡8～10分钟后扦插。

白杨派杨树插穗,要用清水浸泡5～7天,扦插后覆盖农用塑料薄膜,借以提高扦插成活率。

2. 扦插密度

Ⅰ、Ⅱ栽培区扦插密度一般为37 500～52 500株/公顷(2 500～3 500株/667米²),密度为0.4米×0.6米至0.3米×0.6米。Ⅲ、Ⅳ、Ⅷ栽培区美洲黑杨或欧美杨育苗密度33 000～4 0000株/公顷(2 200～2 700株/667米²),密度为0.5米×0.6米至0.4米～0.6米。

3. 扦插方法 插穗萌动前,土壤表层地温在5℃～10℃时,为适宜扦插时期。

采用垄插,即将插穗插于垄背上;采用平床扦插,即将插穗按株行距扦插。插穗可直插和45°斜插,要全部插入土中或稍露土1厘米以内,插穗与土壤紧贴不透风。插后灌透水,防止土壤干旱,插穗失水。

(六)苗期管理

按苗木5个生长时期进行管理。

1. 萌动展叶期 Ⅲ、Ⅳ、Ⅷ栽培区在4月上中旬,Ⅰ、Ⅱ栽培区在 4 月下旬至 5 月上旬。为了提高地温,保持土壤水分,在灌足水后,用小锄松土,防止地表板结,并注意防治蝼蛄、金龟子等害虫。

2. 生长缓慢期 萌动展叶期以后 10 天左右,进入生长缓慢期,主要进行除草、施肥、灌溉,在半干旱地区更要及时灌溉。注意防治杨叶锈病、霉斑病等叶部病害。

3. 速生期 苗木速生期因地区而异,一般在 6 月中旬至 8 月上中旬。主要进行灌溉、松土除草、追肥、摘芽以及防治食叶害虫危害等措施。

4. 生长后期 进入 9 月份以后即为越冬以前的生长后期,要松土除草保墒,停止施肥,控制灌溉,增强苗木木质化程度。

5. 封顶越冬期 9 月中旬以后,苗木顶芽形成并开始封顶。在这期间要清除虫苗、病叶。

二、白杨派杨育苗方法

在东北平原(Ⅰ、Ⅱ栽培区)有新疆杨、银白杨、银中杨、银山1333 杨、山杨,在华北平原和关中平原,有河北杨、毛白杨、84K 杨等,这些品种(无性系)的无根种条,用常规方法很难育苗成功。提供如下几种育苗方法,供参考。

(一)药剂催根法

第一,将插穗随剪随浸入水中,防止日晒,尤其要避免切口在空气中暴晒或长期暴露。浸泡 4～8 个小时待插穗吸足水分后再栽。

第二,用 ABT 生根粉 1 000 毫克/升,浸泡插穗 2～3 小时,或浸泡 6～7 小时(浸泡时间长,效果好)。亦可选用萘乙酸 50 倍液浸泡 2～4 小时,或用其他生根促进剂均可。

第三,对苗圃地要深翻精耕细作,对土壤要严格消毒,施基肥,更要注意保温保湿，并要用地膜覆盖。增设地膜是提高地温促进生根的重要措施。白杨派杨树育苗，土壤地温要高于 5℃～8℃，才能有效促进插穗根原基提早萌动生根。

白杨派育苗，关键之一是要保证适宜的地温。提高地温的方法，除采用塑料薄膜保温外，用马、牛等粪便作苗圃地基肥，也是一种可行的方法。其他方法都可因地制宜采用。

(二)组织培养育苗

第一，对山杨、银白杨及其杂种，如银白杨、银山 1333 杨、山杨、84K 杨等，亦可采用组织培养方法进行育苗。

第二，用组织培养方法处理后，待生根后移栽，方法与营养枝育苗方法相同。

(三)处理插穗，促进生根的其他方法

1. 沙藏催根法 经过水洗后的沙待用。将插穗用 0.5％高锰酸钾溶液消毒后，成捆直立分层堆入沙中。沙藏地选择在阴凉无直接光照处。沙藏温度要求在 5℃以下，湿度 90％以上，沙藏时间 20 天左右，沙藏过程中要随时检查，如发现发霉现象，应立即用 0.2％多菌灵或肼·锌·福美双等消毒。

2. 水浸催根法 用清水浸泡插穗，浸泡时间 1 周左右，用于浸泡的水最好是流动活水。亦可用挖坑蓄水浸泡，但须保证每天加水或换水，保证用水清洁不缺氧。挖坑应选阴凉处。

上述两种方法，在不同条件下都可采用，但效果都不如药剂催根法。

(四)浸泡育苗法

这是陕西省杨树苗圃用于 84K 杨的一种方法。

①将插穗浸泡 4～5 天。

②在天气气温刚解冻时，就提早育苗。

③扦插方法：采用常规方法(如第二节所述)。

这一方法,据称用于 84K 杨比较普遍和实用。

(五)接炮捻育苗法

"接炮捻"育苗多用于毛白杨嫁接育苗。用粗 1.5～2.5 厘米、1 年生欧美杨,截成 10～12 厘米长的小段作砧木。用 0.3～0.7 厘米 1 年生毛白杨细条截成 15～18 厘米长的小段作接穗。接穗经修理后,用刀尖将劈缝撬开立即将接穗窄边插入缝中,使接穗外侧的形成层与砧木形成层对齐。要求"上露白"、"下蹬空",以便形成愈伤组织自发生根。嫁接时间一般在秋季落叶后至次年初春,而以冬季最佳。接后窖藏。翌年春季开窖扦插,扦插时,要随取随插防止损伤愈伤组织和失水,接穗要低于床面 2～4 厘米,插后用湿土固定好接穗,然后顺垄封土。

三、苗木标准

用于造林的杨树苗木,其标准规格应当遵循国家林业行业标准 LY/T 1195—1996"杨树速生丰产用材林主要栽培品种苗木"所规定的标准执行。苗木质量标准直接影响着造林成活率和生长水平。现将该标准中有关于Ⅰ、Ⅱ、Ⅲ、Ⅳ、Ⅷ杨树栽培区(即东北平原、华北平原、关中平原)的苗木标准摘录于表 7-1。

表 7-1 苗木质量指标

序号	品种组	适用栽培区	苗龄	1级苗 D₁ cm	1级苗 H cm	2级苗 D₁ cm	2级苗 H cm	根幅 cm	苗干通直度	苗干木质化程度	有无病虫害感染	有无机械损伤
1	山杨组	山地	2—0		100		80	20	苗干通直，不弯曲	所有出圃苗木必须充分木质化	所有苗木不允许感染任何病虫害，如发现有感染病虫害苗木，必须立即销毁	所有出圃苗木苗干不能有任何机械损伤，苗根不能劈裂
			1—0		80		60	10				
2	青杨组		2—0	1.3	220	0.9	130	30				
			3—0	1.6	250	1.4	200	35				
3	北京杨	东北平原（Ⅰ、Ⅱ栽培区）	1—0	1.2	220	1.0	180	30				
			1(2)—0 2—0	1.6	300	1.4	240	40				
4	小钻杨 白城杨 白林杨	东北平原（Ⅰ、Ⅱ栽培区）	1—0	1.0	220	1.0	180	30				
			1(2)—0 2—0	1.6	310	1.2	250	35				
5	小黑杨 黑小杨 中绥杨 中黑防杨 黑林杨	东北平原（Ⅰ、Ⅱ栽培区）	1—0	1.1	220	1.0	180	30				
			1(2)—0 2—0	1.6	310	1.4	250	40				
6	毛白杨组	华北平原（Ⅲ、Ⅳ）栽培区	1—0	1.6	300	1.0	220	30				
			1(2)—0 2—0	2.2	400	1.7	320	40				
			1(2)—0 3—0	3.5	500	2.4	400	40				
7	美洲黑杨 欧美杨	华北平原（Ⅲ、Ⅳ、Ⅷ）栽培区	1—0	2.9	350	2.3	280	35				
			1(2)—0 2—0	3.6	450	2.7	350	45				

表中有关注解如下：

苗龄：

1—0：苗木为 1 年生未移植苗。

2－0：苗木为 2 年生未移植苗。

3－0：苗木为 3 年生未移植苗。

1(2)－0：苗木为 1 年生干、2 年根未移植苗。

H：苗高，自地茎至顶芽基部的苗干长度。

D_1：苗干 1 米处直径，自地径至苗干 1 米处的粗度。

根幅：根系的宽幅，指起苗后保存下来的根的宽幅。

第三节　造林技术

一、造林地立地选择

根据杨树生态特性，平原地区造林地立地选择条件主要有：

第一，江河冲积平原、河滩地、河谷阶地、冲积洲、丘间谷地、沙荒地、绿洲、废弃农耕地、退耕还林农地。

第二，土层深厚、土壤肥沃、水分含量较好、通气性良好、pH值在 6～8、含盐量在 2 克/千克（0.2％）以下，以及地下水位在1.5～5 米的潮润冲积土、沙壤土和轻壤土。选择土壤类型参考第一章第三节。

第三，青杨、山杨可选择山地造林。

二、整地方式

根据造林地的不同立地条件，因地制宜地选择下列整地方式：

第一，全面整地。在造林前 1、2 年采用机械开荒，用铧犁全面深翻 25～30 厘米，再全面翻耙，将土块耙碎，清除杂草，然后耙细整平，当年种植豆科农作物以熟化土壤，待次年造林。

第二，深松整地。在有效土层深厚、地下水位适宜、土壤肥力较好的宜林地，进行全面翻耕深松作业，借以破坏犁底层，保证根系正常发育。

第三,机械开沟整地。在平缓沙地,或坡度在 15°以下的黄土丘陵缓坡,或在土层 30 厘米左右具有钙质夹层或黏土层地带,在造林前用开沟犁进行机械开沟整地。开沟深度 40～50 厘米,上口宽 110～120 厘米,沟底宽 16～28 厘米,沟向与主风向垂直。

第四,带状整地。在坡度 15°以下,杂草植被覆盖较好的宜林地和沙地,按造林行距在造林带上水平开垦 1～2 米宽的造林带。要深翻 30 厘米,挖净杂草树根,在带间保留原生植被,以保持水土。

第五,穴状整地。按设计好的造林株行距确定栽植点后,在植穴点上挖植树坑,挖出的心土培于坑沿前下方,表土在植树时回填,并留出 20 厘米深的蓄水穴。这是为避免在造林时过多地破坏植被、裸露土壤而采用的一种整地方法。

第六,梯田及反坡梯田整地。在较平缓的坡地上,按照造林株行距要求,修成 2～3 米以上宽度的水平梯田,外沿培埂,田内深翻 30 厘米,保持田面水平。在 25°以下的坡面上,按等高线挖成田面外高内低、呈 15°左右的反坡,田面宽 1～2 米,田内深翻 30 厘米。

三、造林方式

(一)植苗造林

植苗造林是常用的造林方式,技术比较成熟,但在实践中,往往因各种客观原因采取了一些不尽如人意的方法,造成造林质量不高等问题,在此特作专业性技术介绍。

1. 苗木　在杨树造林实践中应当严格执行表 7-1 苗木质量指标。在表 7-1 中,特别提出苗木质量控制条件:苗干通直不弯曲,苗木充分木质化,没有任何病虫害感染,无机械损伤,苗根不劈裂,根幅 25 厘米以上。

采用的苗木:应选用本地近处苗圃苗木,切忌远距离异地采购运输。

苗木处理:造林前剪去全部或部分侧枝及断残根系,全株浸泡 2～3 天。

2. 造林季节 春、秋两季都可进行造林,而以春季造林为主。由于节气的差异,各地造林时间有所不同。春季造林在土壤解冻后杨树萌动前 7～14 天内进行。秋季造林在树木落叶后、土壤封冻前进行。

3. 造林方式 因地制宜地采用等株行距的片状造林和不等距的行状、窄带状或宽窄行造林。

4. 植穴规格 根据不同土壤坚实度、气候干旱程度和大风灾害程度,确定植穴规格。下列长×宽×深的规格可酌情选用:0.6 米×0.6 米×0.8 米、0.8 米×0.8 米×0.8 米、0.8 米×0.8 米× 1.0 米、1.0 米×1.0 米×1.0 米等。

5. 栽植方法 每穴施基肥若干,施肥量根据土壤肥沃程度酌情确定,一般情况下,每穴施有机肥或土杂肥 5～10 千克,施复合肥 0.5 千克。回填 10 厘米表土后,将苗木扶正培土,做到三埋两踩一提留。为防止树苗倾斜,要培土至高出地面 30 厘米左右。

(二)插干造林

插干造林又称之为深栽造林,就是将截根苗干直接深插在土中地下水部位,使浸水部分直接吸收地下水能在湿度高而稳定的深层土壤中生根,从而得到充分的水分供应而达到树木速生的目的。用深栽钻孔机进行钻孔插干造林,效果良好。

1. 适用范围 沙土或沙壤土,地下水位深在 1.5～2.5 米, pH 值 8 以下,以及矿化度较低的地区适宜进行插干造林。

2. 栽植方法 一年四季均可进行,而以春、秋季更为有利。采用 2～3 年生苗高 4 米、胸径 3 厘米以上截根苗木,用钻孔机在定植点上钻孔,深钻至地下水位处,插入苗干,然后填土捣实。

(三)扦插造林

1. 适用范围 在气候温暖、水肥条件好、土壤疏松的地区,如Ⅲ、Ⅳ、Ⅷ栽培区,气候温暖水、热条件优越,应提倡采用。

在气候干燥寒冷、水肥条件差的地区和不易生根的白杨派杨树不宜采用。

2. 栽培方法 在造林地按设定的株行距将插穗直接插入土中,填土捣实,插穗稍露土 1 厘米左右。

3. 插穗的规格 用木质化程度高,芽饱满健壮,无病虫害的1~2 年生苗干作插穗。穗长 50 厘米以上,小头直径 1 厘米以上。

(四)萌芽更新造林

萌芽更新造林即利用杨树萌生能力强的特性,在伐根上选育萌条成林的方法。在杨树采伐迹地上,一般可以萌芽更新 2~3 次。为有效进行萌芽更新,采伐作业时间应选在冬季或早春。迹地上伐根数量不低于合理株数的 85%。伐根高度最好低于 15 厘米,伐桩锯口用利刀削平,在伐桩上培土高 20~30 厘米,至次年春季伐桩萌芽时将培土除去。伐桩萌芽后,在伐桩上均匀留下 4~6 个萌条,其余抹掉,当萌条高达 30~50 厘米时,每桩留苗 1~2 株,定苗后要及时抹掉新生萌芽。当萌条高 1 米左右时,在根桩基部下面进行穴状施肥,当年施土杂肥 3 000 千克/公顷(200 千克/667 米²)和碳酸氢铵 450 千克/公顷(30 千克/667 米²)。林地内缺株处要用带根苗补植。

萌芽更新造林方法,20 世纪 80 年代~2000 年在华北平原地区都曾采用,并取得良好效果,其主要特点是节约造林成本,林木生长旺盛。

第八章　经营管理技术概论

第一节　经营方针简述

一、经营方针

在平原地区进行杨树人工林及防护林建设，要着眼于发挥森林多种功能，妥善处理发展与保护、产业与生态的关系，充分发挥杨树林在经济、社会、生态、文化等方面的多种效益，实现平衡发展。

要保障农牧业稳产高产，改善水资源环境，保护水利设施，尤其要确保农田水利设施正常效能的发挥。用生态学和生态经济学原理实现杨树林结构最佳配置，达到生态林业的经营目的。要保证净化大气，保护和提高大气质量，为人类提供美好生活环境。

2003 年国家确立以生态建设为主的林业发展战略，将林业定性为重要的公益产业和基础产业，把加强生态建设、维护生态安全、弘扬生态文明确定为林业部门的主要任务。东北平原、华北平原和关中平原是我国工农业发展的重要基地，更应把发展林业作为实现科学发展的重要举措。因此，保证不断优化生态环境和满足民生需求，包括生态需求、生存需求、生活需求和生产需求等诸多方面，就必须成为这几个平原地区林业包括杨树栽培诸林业活动的经营指导方针。

二、林种及林种性质

在平原区杨树造林所涉及的林种有用材林和防护林两大类。用材林包括一般人工林和速生丰产林。防护林包括农田防护林、林农间作林、水源涵养林、水土保持林、防风固沙林、护路林和护岸林等。

在积极加强生态建设，满足民生需求的经营方针指导下，无论是用材林还是防护林，都兼有防护生态和生产用材双重属性，只是各有偏重而已。

在我国东北平原、华北平原及关中平原地区，由于几十年来党和国家的高度重视和努力治理，风沙灾害等自然灾害得到了很大的改善。当前的林业事业的防护功能已经着重于更高层次的改善生态环境功能。因此，对防护林体系功能已经有了很大的质的变化。

三、集约经营原则

在平原地区，社会经济高度发达的条件下，杨树林的经营管理必需按照集约经营的原则进行。

所谓林业集约经营，就是在一定条件下的单位面积林地上，用最少的劳动投入，采用新技术、新工艺，以提高其产量的一种林业生产经营方式。

这是单纯从生产力和提高生产产量方面的论点。从现代林业观点出发，林业集约经营应当以提高生态功能质量和物质产量为目的的一种林业生产经营方式。

杨树集约栽培的定义，笔者认为是：在积极应用科学成就和先进经验，改善经营方式和生产工艺的生产实践过程中，不断提高土地的生产能力,在消耗最少的劳动和生产资料的条件下,在提高社会生产建设水平前提下,使单位面积土地收获更多的产品以满足民生诸多方面的需求。

在这样的一个杨树集约经营原则前提下,开展杨树栽培经营活动,所采用的一切技术措施都应符合这一原则要求。

四、杨树栽植密度和主伐年龄

(一)栽植密度

1. 栽植密度的内容 在单位面积上的栽植点的数量称之为栽植密度,又称之为初植密度。由于杨树不宜进行任何方式的间伐作业,故初植密度即为定植密度。营造杨树人工用材林、速生丰产林和各种性质的防护林,栽植密度对今后的林木生长都起着重要的作用,因此必须慎重对待。

2. 影响栽植密度的因素 几十年的实践证明,影响杨树栽植密度的下列因素已为众所公认。

(1)杨树品种的速生程度 在杨树诸多品种中,仍然可划分为速生、中生和慢生类别。速生品种长得快,栽植密度要小,即株行距要大一些,单位面积株数少一些。增加单株立木平均营养面积借以发挥其速生效能。

(2)气候因素 一个地区平均气温、降水量和无霜期等气候条件直接影响着杨树生长速度和适应程度。暖温带气候区优于中温带气候区的生长条件,杨树栽植密度则因气候条件而有明显区别。

(3)土壤等立地条件 土壤肥沃、疏松、地下水位埋藏浅、土壤含水量大的立地条件,杨树生长优于立地条件较差者,栽植密度亦应因地制宜。

(4)培育目标与主伐年龄 培育大径优质材、主伐年龄长的林分,栽植密度以稀为宜,借以促使其在短期内速生成材,相反,则密度可大。

以上 4 项都是相辅相成、互相关联的,应当综合考虑,确定杨树的栽植密度。

(二)主伐年龄

1.杨树生长阶段划分如下列四个阶段

(1)缓慢生长期　杨树苗木栽植后,由于苗木根系少,在土壤中需要有一个生根后再吸收养分的过程,因此在一定时期内不能充分供应养分,从而导致主干生长缓慢,这一时期可称为缓慢生长期,为造林后 1~2 年或 3 年。不同的栽植密度的林分,缓慢生长期相同,不以栽植密度的改变而出现差异。

(2)速生期　从林龄 3 年开始,杨树丰产林生长开始进入速生期,速生期的林龄幅度因栽植密度不同而有差异,其基本规律是栽植越密,速生期越短,栽植越稀,速生期延续的年龄越长。同时,速生性品种的速生期比较慢生性品种短。

(3)后续缓慢生长期　这是在全生长过程中,速生期过后,随着生长量的下降而出现的第二次缓慢生长期。这一时期持续的时间因品种不同而异。栽植密度稀的林分,持续时间相对长一些。

(4)生长衰退初期　在生长缓慢期之后,无论是胸径、树高还是单位面积蓄积量都持续地逐年减少,从后续缓慢生长期逐渐过渡到生长衰退初期,树体逐年出现不同程度的衰老状态。杨树生长衰退出现时间的早晚,不但与立地条件相关,而且与栽植密度相关,密度越大,生长衰退期到来时间越早,反之,则较晚。同时,也与品种的速生程度有关,慢生性品种生长衰退期出现时间晚于速生性品种。

根据森林学和测树学原理,在林分速生期间,年平均生长量达到最大值时称之为数量成熟龄。在某一目的材种生长量达到最大值时,称之为某一材种的工艺成熟龄。在林分速生期间,可以体现出数量成熟龄和工艺成熟龄的树龄,在防护林中,林分防护效益达到最佳状态时即为防护成熟龄。林分过渡到衰老阶段的状态的树龄称之为自然成熟龄,林分生长衰退初期即进入自然成熟期。

研究杨树林的主伐年龄,必须根据上述 4 个生长时期加以分析确定。

2. 杨树速生丰产林的培育目标 杨树木材用途很广,按照国家颁布的原木材种规格,从小径原木到大径级的旋切单板用材共有 11 种之多。按原木规格分类可分为小径原木类、中径原木类和大径原木类以及削片材。因此,杨树速生丰产用材林的培育目标非常宽广。在防护林类型的人工林和防护林带,也有木材利用的材种出材规格问题。表 8-1 所列材种是从国家颁布的原木材种规格中摘录出来的适用于杨树原木材种规格的国家标准简表。在杨木生产中可因地制宜地进行选择。

表8-1　适用于杨树的原木材种规格国家标准简表

国家标准编号	材种名称	检尺长(m)	检尺径(cm)
	(1)小径原木类		
GB/T 1176—1999	小径原木	2~6　0.2进级	6~16(东北、内蒙古)、4~12(其他)
GB 11717—89	造纸用原木	2~6 运输不便处:1~1.8	6以上
LY/T 11518—94	缘材	1~3　0.1进级	3~12　1进级
	(2)中径原木类		
GB 142—1995	直接用原木坑木	2.2~3.2、4、5、6	12~14　2进级
LY/T 1157—1990	檩材	4~5　0.2进级	12~20　2进级
ZBB 68010—89	短原木	1~1.9　0.1进级	14以上　2进级
ZBB 68003—86	炊加工原木(不含东北、内蒙古地区)	2~6　0.2进级	14以上　2进级
ZBB 68009—89	东北、内蒙古地区炊加工原木	2~6、2.5　0.2进级	18以上　2进级
	(3)大径原木类		
LY/T 1503—1999	加工原木	2.5、5、7.5	26以上　2进级
GB/T 15779—1995	旋切单板用原木	2.2、6、4、5.2、6	26以上　2进级
—	(4)削片材	2~6　0.2进级	6~12　2进级

按照表 8-1 中所列国家标准,杨树丰产培育目标可分为小径、中径和大径原木 3 类。这 3 类的检尺径范围是小径原木 6～16 厘米,中径原木 12～24 厘米,大径原木 26 厘米以上。按这 3 类要求达到的目标,制定不同栽植密度的经营管理措施,进而确定主伐年龄。

(三)人工用材林栽植密度和主伐年龄

根据上述各项原则,笔者经多年的现场调查和测算,得出在东北大平原、华北大平原、关中平原的杨树各栽培区人工用材林的栽培密度和主伐年龄的参考数据,详见表 8-2,其基本规律是:

第一,小径用材栽培密度大致是(2 米×3 米)～(3 米×4 米)之间,主伐年龄在 4～5 年至 7～9 年,由于毛白杨前期生长缓慢,不适于短轮期培育小径材。

第二,直接用原木等材种的栽植密度大致是(3 米×3 米)～(4 米×5 米)之间,小株距大行距可采用(2 米×7 米)～(2 米×10 米)之间,主伐年龄 6～8 年至 10～14 年。

第三,加工用原木等大径材种,栽培密度在(4 米×4 米)～(4 米×5 米)之间,小株距大行距 2 米×7 米至 2 米×10 米之间。主伐年龄 10～13 年至 12～15 年。在 Ⅰ、Ⅱ 栽培区,小黑杨一类的品种人工林不宜培育大径材种。

表 8-2　杨树用材林栽培密度与主伐年龄

平原名称	杨树栽培区	杨树品种名称	小径原木、造纸用原木、橡材			直接用原木、檩材			加工用原木旋切单板用原木		
			栽植密度（株/公顷）	株行距（m×m）	主伐年龄	栽植密度（株/公顷）	株行距（m×m）	主伐年龄	栽植密度（株/公顷）	株行距（m×m）	主伐年龄
东北大平原	Ⅰ、Ⅱ	小黑杨 黑小杨 迎春5号杨	1110~1650	2×3 3×3	7~9	650~1110	3×3 4×4	10~14	—	—	—
	Ⅱ	中绥4号杨 中菏64杨	830~1110	3×3 3×4	6~8	500~625	4×4 4×5 2×8 2×10	9~12	500~625	4×4 4×5 2×8 2×10	12~15
华北大平原	Ⅲ、Ⅳ	毛白杨	—	—	—	500~625	4×4 4×5 2×8 2×10	10~14	—	—	15~20
	Ⅲ、Ⅳ	中林46杨、沙兰杨、北抗杨、创新杨、I-107杨、欧美杨107、中驻杨、中菏107、中民杨、中菏1号杨	830~1110	3×3 3×4	4~5	500~625	4×4 4×5 2×8 2×10	6~8	440~500	4×5 5×5 2×8 3×8 2×10	10~13

续表 8-2

平原名称	杨树栽培区	杨树品种名称	小径原木、造纸用原木、橡材			直接用原木、檩材			加工用原木旋切单板用原木		
			栽植密度（株/公顷）	株行距（m×m）	主伐年龄	栽植密度（株/公顷）	株行距（m×m）	主伐年龄	栽植密度（株/公顷）	株行距（m×m）	主伐年龄
关中平原	Ⅶ	陕林杨、沙兰杨、中林46杨	830～1110	3×3 3×4	4～5	500～625	4×4 4×5 2×8 2×10	6～8	400～500	4×5 5×5 2×8 3×8 2×10	10～13

第二节 杨树林修枝技术

一、杨树树干的饱满度和原木削度

笔者在北京市,山东、河北、山西、内蒙古、辽宁、青海、新疆、陕西、湖南、河南诸省、自治区的若干市、县测量和收集 11 种杨树品种的树高、胸径、单株材积,并由此计算出胸高形数,按统计学分析计算 11 个杨树品种按胸高直径和树高的大小排列的胸高形数列于表 8-3。从表中可知:毛白杨、群众杨、小黑杨的胸高形数较大,但从总体来看杨树各品种的胸高形数都偏小,尤其是在胸径 20 厘米以后和树高 15 厘米以后,大多小于 0.4。胸径在 10~15 厘米的胸高形数多在 0.45 左右,比针、阔叶树的平均形数要小得多。全国针、阔叶树按胸径将胸高形数列于表 8-3 最后 2 行。

根据笔者在一些原木堆积的林场收集的资料进行统计,现将一些杨树品种的原木削度列于表 8-4。从表中可以看出杨树的原木削度一般大于其他阔叶林树。

表8-3　杨树胸高高形数(胸径—形数)相关表

胸径(cm)	毛白杨	群众杨	小黑杨黑小杨	沙兰杨I-214杨	健杨	加杨	中林46杨	I-69/55 I-72/58杨	欧美杨107	新疆杨	银白杨	全国针叶树	全国阔叶树
5	0.6870	0.6421	0.6426	0.5640	0.6111	0.6204	0.6204	0.6689	0.4729	0.4720	0.5632	0.566	0.531
10	0.5106	0.5013	0.5015	0.4442	0.4812	0.4767	0.4767	0.4720	0.4096	0.4356	0.4319	0.548	0.509
15	0.4518	0.4534	0.4545	0.4043	0.4379	0.4289	0.4289	0.4063	0.3867	0.4234	0.4147	0.525	0.482
20	0.4224	0.4309	0.4310	0.3844	0.4212	0.4049	0.4049	0.3735	0.3666	0.4174	0.3962	0.500	0.466
25	0.4048	0.4168	0.4168	0.3724	0.4032	0.3905	0.3905	0.3538	0.3496	0.4137	0.3850	0.483	0.451
30	0.3930	0.4074	0.4074	0.3644	0.3946	0.3810	0.3810	0.3407	0.3400	0.4113	0.3770	0.480	0.447
35	0.3847	0.4007	0.4007	0.3587	0.3884	0.3741	0.3741	0.3318	0.3307	0.4096	0.3723		
40	0.3784	0.3957	0.3957	0.3544	0.3887	0.3690	0.3690	0.3242	0.3234	0.4083	0.3683		

表 8-4　杨树及其他针阔叶树树削度表

小头直径 (cm)	毛白杨	加 杨	沙兰杨 I-214杨	I-69/55 I-214杨	青 杨	栎 类	阔叶综合	杉 木	马尾松
10	1.16	1.17	1.53	1.70	1.32	0.86	1.01	0.53	1.01
12	1.21	1.20	1.58	1.75	1.38	0.89	1.04	0.62	1.04
14	1.26	1.23	1.62	1.80	1.43	0.92	1.08	0.71	1.07
16	1.32	1.26	1.66	1.85	1.49	0.96	1.12	0.79	1.10
18	1.36	1.28	1.70	1.90	1.55	0.99	1.15	0.88	1.14
20	1.42	1.31	1.74	1.45	1.60	1.02	1.19	0.97	1.17
22	1.47	1.34	1.78	2.00	1.67	1.06	1.22	1.06	1.20
24	1.52	1.37	1.82	2.05	1.72	1.09	1.26	1.15	1.23
26	1.57	1.39	1.86	2.10	1.78	1.13	1.30	1.24	1.26
28	1.62	1.42	1.90	2.14	1.83	1.16	1.33		1.29
30	1.67	1.45	1.94	2.19	1.89	1.19	1.37		1.33
32	1.72	1.47	1.98		2.01	1.23	1.40		1.36
34	1.78	1.52	2.02		2.06	1.26	1.44		1.39

从上述两个表中的数据可以看出,杨树的树干饱满度(胸高形数)及原木削度都比较小,这标示出了树种饱满度和原木削度的一般规律,即速生树种往往差于慢性树种,分枝多而粗大的树种小于分枝小而较细小的树种。

注:1. 胸高形数(f)=树干材积(v)/[树高(h)×胸高断面积(g)]

2. 所谓原木削度,就是原木的大头直径与小头直径之差除以原木长度之值,即原木单位长度的大、小径差值。原木大小径值的差值愈大,则原木的削度愈大。原木削度实际上反映了原木的尖削程度。

二、杨树材种中有关节疤等质量标准

在国家标准、专业标准中涉及漏节、活节、死节、外夹皮、弯曲度等材种质量要求如表 8-5 所示。这类木材质量应通过修枝等技术措施得到保证,在当前杨树人工林经营管理工作中往往很少重视。

表 8-5　各材种规格中有关节疤等的质量标准统计表

树种名称	漏　节	活节死节	外夹皮（%）	弯曲度（%）	风折炸裂
1. 杂木杆	不许有			5	
2. 阔叶树原木	一等不许有		一等 15	一等 4	
	二等 2 个		二等 40	二等 7	
3. 小径原木	1 个			6	
4. 椽　木	不许有		40	1	

续表 8-5

树种名称	漏　节	活节死节	外夹皮（%）	弯曲度（%）	风折炸裂
5. 檩　材	不许有			3	不许有
6. 短原木	1 个			6	
7. 造纸原木	1 个				
8. 加工用原木	不许有			5	
9. 直接用原木	不许有			3～5	不许有
10. 旋切单板用原木	不许有	4 个	30	2	不许有

注：外夹皮指长度不超过材长的百分率。

　　弯曲度指木材弯曲的最大拱高不超过该弯曲水平的百分率。

三、修枝的主要目标

　　如上所述，杨树立木的干形饱满度较差，形数偏小，砍伐后制成原木，原木的削度也较大，对原木材积计算有影响。杨树的侧枝较多且较发达，如任其自然生长，势必影响木材质量，制成原木后也会降低原木等级。按照国家标准规定的各种原木质量（如表8-5 所示），欲达此标准，必须进行人工修枝。

　　实践证明，实施人工修枝作业，虽然不能改变立木材积的增加，但可以提高木材的材种质量，也能提高原木的削度质量，从而增加原木的材积。

　　修枝的直观目标是将树干 6～8 厘米以下的树干培育成通直无节良材，使之成为旋切单板用原木、加工用原木、直接用原木和檩材等大、中径级的原木的原材料。对于用作造纸用的纤维原木，修枝作业则可稍降标准。

四、修枝技术方法

根据笔者与汪英桃、朱利、杨志敏、赵天锡、邢印华、王富国等多年实践的修枝经验总结如下,可作为工作中参考。

(一)整 形

整形修剪的目的是为获得通直饱满的树干,整形工序由栽植当年开始,直至枝下高度到 8 米以上,使之 8 米内形成通直饱满的树干。苗木定植后,要逐株检查,对以下情况采取相应措施。

第一,由于机械损伤或虫害等原因,造成苗木顶芽损坏,如果在损坏部位的下方主枝上尚保留有壮芽数个时,应将顶梢回剪至最健壮的 1 个芽附近,剪口应在此芽以上 0.5~1.0 厘米处。在芽的着生处对侧下部,剪口略为倾斜,因虫害损伤刺激,苗木顶部形成多头或丛生枝的,应将其不正常部位全部剪除,剪口部位与上述相同。

第二,苗木梢头部分折断,断处以上无芽,只有侧枝的,应选一较壮、较直的侧枝取代主枝。方法是将此侧枝以上部分的主枝全部剪去,如果还有与之竞争的侧枝,应立即剪除。

如果苗木顶部缺少领导枝,则应在侧枝中选取较壮、较直的 1 个侧枝,将其余枝条全部剪除。

第三,在第一次整形修剪的当年秋季落叶以后,要对第一次整形工作进行检查,调查其结果有无风折树或人、畜破坏的树木,在此基础上,进行第二次整形工作。

(二)修 枝

修枝的目的是为了获得无节良材,为培育胶合板的林分必须加强修枝工作,在造林后 2~3 年不进行修枝,使幼树尽力发展树冠,迅速增加叶量,促使幼树生长,当下部侧枝着生部位的树干直径达到 10 厘米时，即修去此处侧枝，以后随树干上端直径增长，树冠与枝下高比，初期为 2：1，中期为 1：1，后期为 1：2。

对力枝的修剪。力枝又称卡脖枝，是树干梢头部位的壮芽形成的粗大侧枝。在力枝着生的上、下部位的主干直径有明显的差异。上部细下部粗，影响木材利用，及时将力枝修除后，可以促进主干通直圆满，是修枝作业的内容之一。

在年生长周期中，力枝对全树养分的供求关系是：从春季芽萌动到速生期以前（7 月上中旬），力枝的光合作用所产生的养分有部分向下输送到树干各部供其他部位利用，但进入速生期以后，力枝制造的有机养分已不够本身消耗，要从树体其他部位截取养分，因而影响主干生长，要修除或控制力枝生长的目的也就在此。

力枝的修剪方法是：在造林的第一个生长季节以后的停止生长季节（11 月至翌年 2 月），修剪上部的力枝，以后有选择性地修除力枝，既要保证有足够的叶量，又要保证主干圆满生长。一般要求力枝基径达到 3 厘米左右，最多不能超过 5 厘米，超过时就要修除，或者力枝所在部位的主干直径不超过 8～10 厘米时就应修除。

据有关专家研究，杨树叶损失 50％以下，对树木生长无显著影响。因此，在整形修枝过程中，损失的叶量控制在 40％以下，是完全可行的。

(三)清　干

清干的目的是减少无价值消耗，保证主干优质速生。清干的对象主要是由于不定芽萌发的萌条、徒长枝等。萌条及徒长枝的基部随着主干的生长而包进主干木质部，形成新的活节，影响木材质量，因而要在造林后当年以至今后数年内经常检查树体，及时进行清干工作。

归纳起来，修枝作业每年进行的工作，在造林时，应选择苗木通直、具顶芽、无病虫害的苗木，造林前将苗木的全部侧枝修除，然后再植苗造林，如果在造林前来不及修除所有侧枝，亦应在造林后立即修除。

造林后当年及第二年至第三年内主要进行清干及整形作业。

造林后第三年及以后若干年内进行修枝及整形作业，如有清干内容，亦同时进行，直至枝下高达 8 米以上为止。

五、修枝效益

笔者与杨志敏、赵天锡等在河北省望都县、辽宁省建平县、安徽省怀宁县等地的丰产林研究基地多年修枝试验实践说明，通过合理修枝作业，可取得如下良好效益：

第一，林木树干圆满度以胸高形数标示，可提高 5%～10%。

第二，原木削度可降低 8.2%～21.6%，从而使原木检尺直径提升一个径阶，原木检尺材积增加 5%～15%。

第三，原木质量有较明显提高，原木活节减少 80% 以上，原木长度 1 米内活节占有数在 0.3～0.6 个，而且节径（节疤的直径）只有 1 厘米左右，死节消失，从而提升了原木质量等级。

第三节　杨树丰产林的灌溉措施

一、杨树本性喜水

杨树生长离不开水和肥，尤其离不开水。在缺水的条件下，杨树不可能正常生长成林。在天然降水少或地下水埋藏过深，无法直接被吸收利用的情况下，灌溉措施就成为杨树丰产的首要措施。

在缺水少肥的干旱、半干旱地区是如此，在半湿润地区同样也是如此。在暖温带半湿润区的山东省莒县，I-69/55 杨人工林在正常年景年降水量 600 毫米的情况下，如无灌溉补充水分，杨树林不能保证速生丰产,在通过每 667 米^2 年灌溉量再增加 40 米^2 水量时,才能使林木达到丰产水平。

在河北省廊坊市的廊坊杨人工林中,在没有灌溉的条件下,前 3 年尚能正常生长,但在林龄 4 年时,生长量即开始下降,至 7~8 年时,林木生长即过早的出现衰退状态,难以培育成材。

在河北省大名县的沙荒地上栽植的毛白杨人工林在没有灌溉措施的情况下,毛白杨勉强能存活,10 年生长量胸径只有 10 厘米,树高只达 8 米。

二、实验例证

(一)沙兰杨人工林灌溉效益实例

笔者与赵天锡研究员、杨志敏博士在河北省望都县唐河冲积平原沙兰杨人工林中,连续进行 6 年的灌溉与否的效益实验。虽然在年降水量 600 毫米,地下水埋深 10 米左右的条件下,没有灌溉措施的沙兰杨人工林生长量较有正常灌溉措施的相差很大,其胸径、树高、蓄积量只有灌溉的 34%~57%、44%~49% 和 7%~18%,详见表 8-6。

表 8-6 沙兰杨人工林灌溉与未灌溉生长量对比表

河北省望都县唐河冲积平原 栽植密度:6m×6m

树龄	灌溉林			未灌溉林			未灌溉/灌溉（%）		
	胸径 (cm)	树高 (m)	蓄积量 (m³/hm²)	胸径 (cm)	树高 (m)	蓄积量 (m³/hm²)	胸径	树高	蓄积量
1	8.55	6.76	5.073	2.93	2.99	0.368	34.3	44.2	7.3
2	15.06	10.44	21.622	6.55	5.27	2.526	43.5	50.5	11.7
3	19.69	13.39	45.023	10.22	6.60	7.130	51.9	49.3	15.8

续表 8-6

树龄	灌溉林			未灌溉林			未灌溉/灌溉（%）		
	胸径（cm）	树高（m）	蓄积量（m³/hm²）	胸径（cm）	树高（m）	蓄积量（m³/hm²）	胸径	树高	蓄积量
4	23.27	15.53	71.052	12.82	7.55	12.320	55.1	48.6	17.3
5	26.21	17.28	98.615	14.83	8.28	17.618	56.58	47.9	17.9
6	28.68	18.76	126.428	16.47	8.89	22.896	57.4	47.4	18.1

（二）群众杨人工林灌溉效益实例

对于比较耐旱的群众杨，灌溉措施同样十分重要。笔者经历 10 年的试验研究，现将灌溉与否的群众杨 10 年的生长数据列于表 8-7。从表中所列群众杨人工林 1 年至 10 年的生长过程可知，在没有灌溉的人工林前 3 年生长量尚属正常，与正常灌溉的人工林相比相差较少，是正常灌溉的 91.7%～93.2%（胸径）、78.8%～98.4%（树高）和 72.2%～89.3（蓄积量），但从第五年开始，二者差距逐渐拉大，不灌溉的只有灌溉的 66.4%～69.6%（胸径）、66.2%～69.1%（树高）和 32.9%～39.2%（蓄积量）。

表 8-7　群众杨人工林灌溉与未灌溉生长量对比表

沙壤土　栽植密度：4m×4m

树龄	灌溉林			未灌溉林			未灌溉/灌溉（%）		
	胸径（cm）	树高（m）	蓄积量（m³/hm²）	胸径（cm）	树高（m）	蓄积量（m³/hm²）	胸径	树高	蓄积量
1	1.32	1.92	0.205	1.23	1.89	0.183	93.2	98.4	89.3
2	3.07	2.86	1.094	2.87	2.34	0.851	93.5	81.8	77.8
3	3.50	4.20	1.815	3.21	3.31	1.311	91.7	78.8	72.2

续表 8-7

树龄	灌溉林			未灌溉林			未灌溉/灌溉（%）		
	胸径 (cm)	树高 (m)	蓄积量 (m³/hm²)	胸径 (cm)	树高 (m)	蓄积量 (m³/hm²)	胸径	树高	蓄积量
4	5.12	5.58	4.395	4.03	4.02	2.242	78.7	72.0	51.0
5	7.18	7.08	9.765	5.01	4.89	3.815	69.6	69.1	39.2
6	8.58	8.18	15.225	5.76	5.60	5.437	67.1	68.5	33.6
7	9.58	8.96	20.205	6.32	6.13	6.901	65.9	68.4	34.1
8	10.37	10.81	27.420	7.02	6.70	8.963	67.7	61.9	32.7
9	11.31	11.32	33.465	7.63	7.22	11.894	67.4	63.8	35.5
10	12.70	11.83	43.203	8.43	7.83	14.220	66.4	66.2	32.9

三、灌溉技术简介

（一）常规灌溉技术

1. 常规灌溉方式 当前主要采用漫灌、沟灌和穴灌 3 种方式，其中漫灌浪费水资源太多，已很少使用。大多采用穴灌和沟灌，需水量大致是 1 口机井能灌溉 13.34 万～26.68 万米²（13.3～26.7 公顷）的林地。

2. 灌溉时间 林地定植后，立即灌溉 1 次称之为定植水，定植水要及时、灌透；在春季树木萌芽期间，进行第二次灌溉；6～8 月份速生期，为促进生长，灌溉 1～2 次；在树木落叶后土壤封冻前，再灌溉 1 次封冻水，以备过冬。

(二)提倡节水渗灌系统的灌溉方式

1. 节水渗灌系统简介 由控制器、水泵、压力罐、过滤器、施肥器、土壤湿度感应器、控制阀、主管道、支管道及毛渗管道组成节水渗灌系统,把输水管道直接埋在地下根系附近,由控制器控制。在地下将水输送给根系直接吸收。这种节水渗灌方式具有节水节能,促进林木生长的特点。

2. 范例 北京市顺义区早在 1997 年就在杨树人工林内实行地下渗灌系统进行节水灌溉,达到既能节省水资源又能实现丰产的目的,应当积极提倡。

笔者通过现场实测 1～6 年的生产数据列于表 8-8,从中可知:渗灌林比一般灌溉林胸径增长 25.7%～72.0%,树高增长 14.5%～30.9%,蓄积量增长 87.9%～254.7%。6 年生胸径达到 28.53 厘米,达到大径材培育目标。

表 8-8 中林 46 杨人工林渗灌与一般灌溉生长对比表

北京市顺义县　沙壤土　栽植密度:5m×6m

林龄	渗灌林			一般灌溉林			渗灌增长（%）		
	胸径 (cm)	树高 (m)	蓄积量 (m³/hm²)	胸径 (cm)	树高 (m)	蓄积量 (m³/hm²)	胸径	树高	蓄积量
1	7.22	6.71	3.97	5.40	5.00	1.86	33.3	19.8	113.4
2	12.80	10.51	19.53	10.18	9.18	10.79	25.7	14.5	87.9
3	17.92	12.71	46.25	12.01	9.94	16.25	49.2	27.9	184.6
4	21.10	14.28	67.96	14.03	11.10	23.79	50.4	28.6	185.7
5	29.72	15.93	105.43	15.26	12.53	30.47	68.5	30.3	245.4
6	28.53	17.22	139.10	16.59	13.69	39.20	72.0	26.3	254.7

第四节　杨树丰产林施肥措施

一、施肥的重要性

施肥对杨树人工林生长十分重要，是促进杨树人工林丰产、高产的重要措施。正如第一章第三节关于各种土壤的特性所述，平原地区的土壤营养元素成分普遍较低，尤其是缺少磷元素。例如，笔者对沙质潮土的养分分析，在 0~50 厘米间的耕作层，每 100 克土速效氮的含量为 1.106~2.213 毫克，速效磷含量为 0.087~0.537 毫克，速效钾含量为 3.318~7.441 毫克，有机质为 0.307%~0.686%。土壤原有的营养含量远远不能满足杨树生长所需的养分保证。为能促进杨树人工林能够速生丰产，保证较高经济效益，应当十分重视施肥。

当前存在的主要问题是，一些林业企业主为了节省成本或其他各种原因，往往忽视或根本不重视施肥，其后果都适得其反。

二、施肥方法和效益

（一）施基肥

所谓施基肥，就是在造林时，在植穴内施以肥料。

实践证明，施基肥以土杂肥（厩肥）＋磷肥的肥效较好。羊、猪、鸡的厩肥拌以杂草等制作的厩肥，一般养分含量为氮含量 0.09%~0.10%，磷（P_2O_5）含量 0.12%~0.24%，钾（K_2O）含量 0.19%~0.23%，如再加上适量磷肥如过磷酸钙更好。这类厩肥具备长效营养及改善植穴内的土壤结构的效果，有利于林木长期吸收养分。

(二)追 肥

所谓追肥,就是在林木生长期间,定期进行施肥的一种方法。在我国《杨树栽培技术规程》中明确规定:"在造林后第二年开始施肥,最好每年或隔年施肥 1 次。在 5 月份以后的夏季生长旺盛期施肥效果较明显,施肥量根据土壤肥沃程度而定,一般每株每次施氮肥、磷肥 150 克或长效复合肥 150 克,应结合灌溉采用环状施肥法。"

笔者试验与不施追肥相比较,施追肥的效益如下:

每年施肥 1 次,胸径生长提高 190%～230%,树高生长提高160%～180%,蓄积量提高 500%～580%。

2 年施肥 1 次,胸径生长提高 140%～160%,树高生长提高120%～150%,蓄积量提高 250%～310%。

3 年施肥 1 次,胸径生长提高 110%～120%,树高生长提高110%～130%,蓄积量提高 220%～240%。

第五节 关于杨树人工林间伐问题的探讨

关于杨树人工林间伐问题,笔者曾经做过多次定点定位研究,目的在于希望引起有关方面的注意,现将在河北省唐河冲积平原地区的研究做如下介绍。

一、试验地自然条件

河北省中部唐河流域,属暖温带半湿润气候,是杨树适生的理想地带,试验地设在河岸风积沙地,沙层厚 1～1.5 米,沙层以下为较黏重的农地耕作土,地下水位 2～3 米,土壤属河岸潮土冲积风积沙土，pH 值 7.5。

二、试验方法

采用品种为沙兰杨，初始造林密度 4 米×6 米、3 米×6 米和 2 米×4 米，造林后第四年春采取隔株间伐，强度为 50%。每种密度设 3 次重复小区及一个对照区，每小区 0.4 公顷，共计 3.2 公顷。

在试验期间，每年冬季分小区进行每木调查、测量和计算蓄积量，并计算出各小区的平均值，连续测定至林龄 9 年。将实测后的 3 次重复的数据进行差异性方差分析，结果差异不显著之后，计算出各种密度的总平均值。在第四年间伐时，现场测定间伐林木的各项测树因子，计算出间伐蓄积量。

三、试验结果

将初始密度及间伐后为 8 米×6 米、6 米×6 米、4 米×4 米人工林的下列实测值统计于表 8-9 至表 8-11 之中，其内容为：每 667 米² 为 4 米×6 米、3 米×6 米、2 米×4 米各林龄的各径级的立木株数分布；各林龄的平均胸径，平均树高实测值（单位面积 667 米²）。

表8-9　沙兰杨人工林　初始密度 4m×6m　株树分布、胸径、树高、蓄积实测数据统计表
间伐密度 8m×6m

径级	未间伐 667米² 立木株数(密度 4m×6m)									间伐后 667米² 立木株数(密度 8m×6m)					
	1年	2年	3年	4年	5年	6年	7年	8年	9年	4年	5年	6年	7年	8年	9年
2	2.0														
4	24.0														
6	2.0	1.5													
8		14.5													
10		10.5	1.5												
12		1.5	6.0												
14			14.0	2.5						1.16					
16			5.0	7.5	3.5					4.17					
18			1.5	14.5	6.0	2.0				6.67	3.00				
20				3.5	12.0	6.5	1.1			2.00	4.00	1.50			
22					5.5	11.5	6.8	3.3	1.6		4.50	4.33	0.6		

续表 8-9

径级	未间伐 667 米² 立木株数（密度 4m×6m）									间伐后 667 米² 立木株数（密度 8m×6m）					
	1年	2年	3年	4年	5年	6年	7年	8年	9年	4年	5年	6年	7年	8年	9年
24					1.0	6.5	12.3	11.4	5.8		2.50	6.17	5.4	3.1	
26						1.5	5.4	9.2	13.0			2.00	5.2	5.6	4.3
28							2.4	2.3	5.5				2.8	3.2	6.7
30								1.8	2.1					2.1	2.5
32									2.1						0.5
计	28	28	28	28	28	28	28	28	28	14	14	14	14	14	14
平均胸径（cm）	4.00	8.86	13.93	17.36	19.61	21.93	24.09	25.13	26.05	17.36	20.93	23.24	25.48	26.61	27.89
平均树高（m）	3.84	7.70	12.87	13.20	14.60	17.75	19.07	19.73	20.07	13.52	14.92	18.30	19.23	20.33	20.72
667 米² 蓄积（m³）	0.079	0.603	2.206	3.641	4.846	7.211	9.163	10.268	11.295	1.783	2.810	4.116	5.163	5.908	6.598
667 米² 蓄积年平均年生长（m³）	0.079	0.302	0.735	0.910	0.969	1.202	1.309	1.296	1.255	0.446	0.562	0.686	0.737	0.739	0.733
667 米² 蓄积连年生长（m³）		0.524	1.603	1.435	1.205	2.365	1.952	1.108	1.027		1.027	1.306	1.046	0.746	0.690

表 8-10　沙兰杨人工林　初始密度 3m×6m　株树分布、胸径、树高、蓄积实测数据统计表　间伐密度 6m×6m

径级	未间伐 667 米² 立木株数（密度 4m×6m）									间伐后 667 米² 立木株数（密度 8m×6m）					
	1年	2年	3年	4年	5年	6年	7年	8年	9年	4年	5年	6年	7年	8年	9年
2	11.5														
4	22.5														
6		9.0													
8		20.0													
10		6.0	4.4												
12			8.3												
14			17.9	4.5						2.5					
16			6.4	13.4	3.2	3.8				3.8	1.9				
18				14.0	14.7	3.8	3.6			8.9	3.2				
20				5.1	13.4	7.7	3.6			3.3	8.3	1.9			
22					5.7	19.8	7.2	5.9	4.1		5.1	4.5	2.1		

续表 8-10

径级	未间伐 667米² 立木株数（密度 4m×6m）									间伐后 667米² 立木株数（密度 8m×6m）					
	1年	2年	3年	4年	5年	6年	7年	8年	9年	4年	5年	6年	7年	8年	9年
24						4.5	20.1	10.6	8.9			8.3	4.3	3.6	4.8
26						1.2	4.8	16.2	18.1			3.8	8.4	5.2	5.7
28							1.3	4.2	3.4				3.7	7.3	8.3
30								0.1	2.5					2.4	2.7
计	37	37	37	37	37	37	37	37	37	18.5	18.5	18.5	18.5	18.5	18.5
平均胸径(cm)	3.38	7.62	13.42	17.06	19.17	21.55	23.65	25.02	25.53	17.41	19.79	23.51	25.48	26.91	27.29
平均树高(m)	4.31	6.87	11.01	14.49	15.25	18.24	18.96	19.23	19.56	14.46	15.38	18.54	18.96	19.79	20.01
667米²蓄积(m³)	0.079	0.544	2.390	4.817	6.345	9.326	11.582	13.144	13.899	2.504	3.405	5.628	6.745	7.799	8.099
667米²蓄积年平均生长(m³)	0.079	0.272	0.797	1.204	1.554	1.269	1.655	1.643	1.544	0.626	0.681	0.938	0.964	0.975	0.899
667米²蓄积连年生长(m³)		0.465	1.846	2.427	1.528	2.981	2.256	1.562	0.755		0.901	2.203	1.117	1.054	0.300

表 8-11　沙兰杨人工林　初始密度 2m×4m　株树分布、胸径、树高、蓄积实测数据统计表　间伐密度 4m×4m

未间伐 667米² 立木株数（密度 2m×4m）

径级	1年	2年	3年	4年	5年	6年	7年	8年	9年
2	33.4	10.7							
4	49.6	38.2	20.3	5.3					
6		34.1	38.1	12.7	1.7				
8			15.5	42.6	15.7	3.1	2.9		
10			9.1	20.1	41.9	17.8	7.2	3.1	
12				2.3	10.6	37.4	24.1	18.7	7.7
14					3.1	15.1	26.7	36.6	28.0
16						9.6	17.3	11.8	29.8
18							4.8	7.1	13.1
20								5.7	4.4
22									

间伐后 667米² 立木株数（密度 4m×4m）

径级	4年	5年	6年	7年	8年	9年
2						
4	2.1					
6	6.7	1.0				
8	22.1	2.3	1.1			
10	9.7	18.3	5.2	1.1		
12	0.9	14.1	10.7	2.3		
14		5.9	18.4	20.1	16.1	5.9
16			6.1	14.4	11.7	18.4
18				3.6	7.8	11.2
20					1.7	5.0
22						1.2

续表 8-11

径级	未间伐 667 米² 立木株数（密度 4m×6m）									间伐后 667 米² 立木株数（密度 8m×6m）					
---	1 年	2 年	3 年	4 年	5 年	6 年	7 年	8 年	9 年	4 年	5 年	6 年	7 年	8 年	9 年
24															
计	83	83	83	83	83	83	83	83	83	41.5	41.5	41.5	41.5	41.5	41.5
平均胸径(cm)	3.2	4.56	6.32	8.03	10.19	12.25	13.51	14.42	15.48	8.03	11.04	13.12	14.82	15.74	16.98
平均树高(m)	4.28	6.91	11.32	14.56	15.76	16.12	16.73	17.33	17.17	14.60	15.03	15.71	16.36	16.76	17.04
667 米² 蓄积(m³)	0.159	0.439	1.215	2.403	4.133	6.088	7.640	9.017	10.253	1.201	2.332	3.417	4.235	5.193	6.128
667 米² 蓄积年平均生长(m³)	0.159	0.220	0.405	0.601	0.827	1.015	1.091	1.127	1.139	0.300	0.486	0.570	0.605	0.649	0.681
667 米² 蓄积连年生长(m³)		0.280	0.776	1.188	1.730	1.955	1.552	1.377	1.236		1.131	1.086	0.898	0.044	0.032

四、分　析

（一）胸径生长水平

通过间伐，促进了立木胸径的生长速度，但增长幅度有限，没有发生本质变化。用表 8-9 至表 8-11 中平均胸径一栏中各林龄的总生产量做进一步分析，因间伐而促进胸径增长百分率列于表8-12，从中可知胸径增长值虽随林龄的增长而有所提高，但各林龄的胸径绝对值都不到 2 厘米，多数在 1.5 厘米以下。

表 8-12　　间伐后胸径增长值及增长率统计表

初始密度（m）	间伐密度（m）	项　目	4 年	5 年	6 年	7 年	8 年	9 年
4×6	8×6	增长值(cm)	0.00	1.32	1.31	1.39	1.98	1.89
		增长率(%)	0.00	6.73	5.97	5.77	5.89	7.06
3×6	6×6	增长值(cm)	0.35	0.62	1.96	1.86	1.81	1.76
		增长率(%)	2.05	3.23	9.09	7.87	7.55	6.89
2×4	4×4	增长值(cm)	0.00	0.85	0.87	1.31	1.32	1.50
		增长率(%)	0.00	8.34	7.10	9.70	9.15	9.69

（二）树高生长水平

从表 8-9 至表 8-11 平均树高一栏可见，间伐对树高生长影响甚微，增长在 0.3～0.5 米之间。林木树高主要指示着林地的立地肥力程度，不可能因间伐而会发生根本性变化。根据沙兰杨栽培指数表衡量，4 米×6 米、3 米×6 米林分的栽培指数，间伐前及间伐后都为 20，2 米×4 米林分的栽培指数，间伐前及间伐后都是18，都没有因间伐而有改变。

(三)蓄积量生长水平

林业主施行间伐的目标,是通过间伐能在近期收获一定数量的木材,更主要的是试图在间伐后能加速林分蓄积量的生长,以达到高额丰产的目的。

但从表 8-9 至表 8-11 中单位面积 0.4 公顷的蓄积量可以清楚地看出,间伐后林木蓄积损失较大。表 8-13 数值是间伐前后蓄积量减少的差值与差值百分比,说明了间伐后各林龄的蓄积量减少差值随林龄的增长而增加。其间因间伐而减少了40%～50%,说明间伐对林分蓄积量增长不利。

表 8-13　间伐后 667 米² 蓄积量减少的差值及百分数统计表

初始密度 (m)	间伐密度 (m)	项　目	4 年	5 年	6 年	7 年	8 年	9 年
4×6	8×6	差值(m³/667 米²)	1.858	2.036	3.095	4.001	4.360	4.697
		差值(%)	51.02	42.01	42.92	43.66	42.46	41.58
3×6	6×6	差值(m³/667 米²)	2.313	2.940	3.698	4.837	5.345	5.800
		差值(%)	48.02	46.33	39.65	41.76	40.66	41.73
2×4	4×4	差值(m³/667 米²)	1.202	1.801	2.671	3.405	3.824	4.125
		差值(%)	50.02	43.58	43.87	44.57	42.41	40.23

森林经营学理论认为,实施间伐作业林分,其总收获量应为各次间伐量与终结皆伐量之和。如果第四年间伐后,到第八年主伐,蓄积量亏损如表 8-14 所示。因间伐而亏损蓄积在 2.502～3.032 米³/667 米²,亏损率达 23.07～29.08%,可见其间亏损量较大。

同样方法可以计算出,如果第四年间伐后,到第九年主伐,因间伐而亏损蓄积量在 2.923～3.839 米³/667 米²,亏损率为 25.09%～29.3%。

表 8-14　第四年间伐后的第八年主伐与未间伐林
分第八年主伐的产量差值及比较表

初始密度 （m）	间伐林				未间伐林第 八年主伐量 （m³/667 米²）	亏损值 （m³/ 667 米²）	亏损百 分率
	间伐后 密度 （m）	间伐量 （m³/ 667 米²）	间伐后第八 年主伐量 （m³/667 米²）	合　计			
4×6	8×6	1.858	5.908	7.766	10.268	2.502	24.36
3×6	6×6	2.313	7.799	10.152	13.144	3.032	23.07
2×4	4×4	1.202	5.193	6.395	9.017	2.622	29.08

五、小　结

第一，这项研究历时 9 年，所得数据均为逐年现场实测，在分析过程中，全部采用 3 次重复原始数据的平均值，未做任何修饰和调整，有利于反映出间伐过程中的实际生长过程。

第二，通过 9 年的试验，充分说明了在杨树人工林中实施间伐作业是不可取的。间伐林木胸径虽然有所增长，但增长值有限，不会因间伐作业而产生质的变化，更主要的是间伐后的林分蓄积量下降了，最终的效益反而减少了，在经济效益方面是不合算的。在本次试验中，因间伐而受损的蓄积量是巨大的。

六、从间伐的基本概念，探讨
杨树人工林的间伐问题

间伐是择伐的一种通俗称谓，其含意就是在林分内间隔性伐除一部分林木，从森林经营学来说仍应称为择伐。

森林经营学认为,择伐作业这个术语用于形成或保持复层异龄林的育林过程。择伐是每次在林中有选择性地伐除一部分成熟木,林地上始终保持着多龄级林木。择伐通常与天然更新相配合进行。

"择伐作业在森林经营工作中应用很广,除了强喜光树种的纯林与速生人工林外,其他的林分都可采用择伐。"(引自沈国舫主编森林培育学第355页,中国林业出版社2001年出版)择伐最适于由耐阴树种所形成的异龄。

用上述的择伐基本概念来考虑,杨树属于强阳性树种,用杨树栽植的人工林属于强阳性同龄林,不属于择伐所应具备的林分性质。因此,杨树人工林不适宜择伐或称之为间伐的作业方式。

从沙兰杨人工林间伐试验结果来看,亦印证了在杨树人工林内采取间伐措施是一种失败的措施。

第六节 林农间作杨树林经营

一、林农间作的基本概念

(一)林农间作是生态林业的一种模式

所谓林农间作,就是在同一块土地上,将农作物在林内与林木相间种植在林木行间的一种栽培方式,是以林为主、多种经营、提高林业的生态、经济、社会效益的一种行之有效的经营模式,是一种生态型的林业经营模式。它可以有效地提高光热资源的立体利用,有利于挖掘土壤潜力,提高土壤水分、养分的利用率;有利于增加短期经济收益,达到以短养长的目的。林农间作在杨树人工林内是作为一种经营技术措施,主要目的是为促进杨树人工林生长水平和提高全林经济效益。

(二)林农间作的发展历史

我国林农间作历史悠久:汉代《氾胜之书》记有桑树和黍间作;《齐民要术》记有在桑树下种植绿豆、小豆,在槐树下种植麻;明代徐光启在《农政全书》中阐述在杉木林中间种小麦、水果、油茶和油桐。追溯历史,在我国华北地区,河北、河南、山东省种植的泡桐、柿、枣树,大多通过与农作物间作而得以发展。主要间作农作物有小麦、棉花、豆类等,这种种植模式至今仍盛行于华北大平原。在豫东地区,在历史上逐步形成和完善的在农田上间种兰考泡桐(*Paulownia elongatte* S. V. Hu)。直至 20 世纪 80 年代左右,这种农桐间作模式得到进一步完善和发挥,对当地农业经济取得了令人瞩目的成绩,成为林木促进农业发展的奇迹。

(三)杨树林下林农间作模式的形成与发展

在杨树林下间作农作物,在民间早有实践,尤其在东北、华北地区,农民为了减轻或防止自然灾害的危害,常常利用栽培的杨树林下间隙地或树行之间种植小麦、豆类、蔬菜等作物。从 20 世纪 80 年代以来,大面积栽培杨树人工林已经十分普遍,在林下间作农作物早已成为培育杨树人工林速生丰产的重要的不可或缺的措施。在间作过程中通过对农作物的松土、除草、灌溉、施肥等项管理措施,实实在在地改善了林地土壤的水、肥、气、热状况,既实施了以耕代抚,又促进了林木生长。

不少省(自治区)将林农间作纳入造林技术规程,作为速生丰产经营措施而要求贯彻执行。经营单位也因林农间作的诸多效益而乐于实施。2007 年由国家林业局以国家林业行业标准颁发的 LY/T 1716—2007《杨树栽培技术规程》第 6.7.6 项中,要求在杨树林经营活动中,实施林农间作。提出"林农间作是在未郁闭的杨树林内的行间种植农作物。通过间作农作物,可减少专门施肥和松土除草作业,更可促进林木生长。"

　　实践证明,林农间作是以林为主,服务于林业经营的需要的一项成功的经营措施。

二、林农间作主要技术措施

　　杨树人工林下的林农间作,笔者与赵天锡、杨志敏博士以及有关林场的技术人员共同探讨、实践了近30年。在这30年的实践过程中,认识到为有效地进行杨树林下的林农间作活动,对以下几项技术措施应当十分注意:

　　(一)树种选择

　　尽可能选择耗水量相对少,树冠较小的杨树品种,避免或减少在林内与农作物争水争肥。尽可能选择抗虫、抗病能力强的品种,避免因防病防虫时施用农药而污染林内环境。主要选用比较抗病抗虫的美洲黑杨和抗虫杨,避免采用病虫害易感率较高,喜大水大肥的欧美杨类杨树。

　　(二)林农间作

　　杨树人工林林农间作年限与林木栽植密度有密切关系。以下栽植密度与间作年限可作参考。

　　行距3米的,间作年限1～2年。

　　行距4米的,间作年限2～3年。

　　行距5米的,间作年限3～5年。

　　行距6米的,间作年限4～6年。

　　行距7米的,间作年限6～7年。

　　行距8～10米的,间作年限7～8年。

　　中温带间作年限较暖温带长。

　　(三)间作农作物品种

　　在未郁闭的杨树人工林中,可因地制宜和因气候条件的差别选择大豆、绿豆、谷子、黍子、苜蓿、沙打旺、小麦、花生、大蒜、红薯、西瓜、蔬菜、蚕豆、油菜、玉米等农作物,避免选择高秆作物、耗水耗肥量大的作物。

在郁闭后的林内,提倡培育菇类,如香菇、平菇、凤尾菇,鸡脚菇、金针菇等,亦可间作耐阴的药材和饲养鸡、放养羊(东北地区)、猪、鹅等。

三、林农间作的经济效益

在东北平原、华北平原杨树林下实施林农间作若干年来,总的来看,对林木生长及经济收益方面的效益十分显著。

(一)林木增长效益

间作与未间作相比较:间作 1 年,树高增长 4%～7%,胸径增长 3%～5%;间作 2 年,树高增长 9%～14%,胸径增长 7%～18%;间作 3 年,树高增长 17%～20%,胸径增长 15%～25%;间作 4 年,树高增长 14%～16%,胸径增长 17%～23%。

(二)营林费可得到一定程度的节省

由于通过对间作农作物的管理,在间作期间相应地节省了中耕除草、灌溉施肥、修枝等经费投入,因而节省了不少营林费用。大致是:

间作 1 年的可节省营林费 3%～5%;间作 2 年的可节省营林费 7%～9%;间作 3 年的可节省营林费 10%～15%;间作 4 年的可节省营林费 12%～18%。

(三)间作农作物收入

间作农作物和郁闭林下饲养业收入,一般都由承包者获得。林业主只收取土地利用费。各地承包办法不同,收取费用亦有差异,在此不予详述。

第七节　病虫害防治

为有效防治杨树病虫害,特将东北平原、华北平原及关中平原常见的杨树主要病虫害种类、危害特性、分布区域和防治方法简述如下:

一、干部病害防治

(一)种　类

1. 杨树腐烂病(杨树烂皮病) 病原菌:无性阶段为金黄壳囊孢菌[*Cytospora ehrysusperma*(pers.)Fr],有性阶段为污黑腐皮壳(*Valsa sordida* Nits)。

2. 杨水泡型溃疡病(杨树溃疡病) 病原菌:聚生小穴壳菌(*Dothiorella gragaria* Sacc),有性阶段为葡萄痤腔菌[*Botryosphaeria dotidea*(Mong ex Fr.)Ces et Not]。

3. 杨大斑溃疡病(杨树溃疡病) 病原菌:杨疡壳孢(*Dothichiza populea* Sacc et. Briard.)。

(二)分　布

在半湿润区中温带及暖温带的各大平原区都有分布,以华北平原地区分布最普遍,并以欧美杨类杨树危害最为普遍和严重。

(三)防治方法

第一,首先要重视选择抗逆性强的杨树品种,重视和加强集约栽培技术措施,加强林地抚育管理。

第二,加强预防和在发病初期可在树干上刷白涂剂,是一种比较经济适用的有效方法。笔者实践:用70%代森锰锌、90%硫酸铜和5%多菌灵以1∶1∶1的比例制成混合液1升,加水40升,再加入适量食盐或洗衣粉,拌和生石灰 15 千克制成涂白剂,涂刷在树干上,可获良好防治效果。

第三,对危害严重的树干部位,可刮去发病区表面再涂白涂剂。对危害严重的林分,危害株率超过 50% 或以上的,应伐除病树或全林伐除,重新造林。伐除的病木应妥当销毁,防止病原扩散。

二、叶部病害

杨树叶部病害种类很多,在此只对半湿润区中温带和暖温带常见的危害严重的加以介绍。

(一)种 类

1. 白杨叶锈病

病原菌:马格柳锈菌(*Melampsora magnusiana* Wagn)和杨栅锈菌(*M. rostrupii* Wagn.)。

2. 青杨叶锈病

病原菌:落叶松杨锈菌(*M. lari-populina* Kleb.)。

3. 杨树灰斑病(肿茎溃疡病)

病原菌:杨棒盘孢菌(*Coryneum populinum* Bres)、有性阶段:东北球腔菌(*Mycos phaerella mandsharica*)。

4. 杨树黑星病

病原菌:放射黑星孢[*Fusicladium radiosum*(Lib)Lind]、有性阶段:杨黑星菌[*Venturia populina*(Vuill)Fahr.]。

5. 杨树黑斑病

病原菌:褐斑盘二孢[*Marssonina brunner*(Ell,et Ev.)Sacc]、有性阶段:杨盘二孢菌[*M. populi*(Lib)Magn.]。

6. 杨树斑枯病

病原菌:杨生壳针孢(*Septoria populicola* Peck.)、有性阶段:

杨壳针孢(*S. populi* Desm)。

7. 杨树白粉病

病原菌:杨球针壳[*Phyllaclinia populi*(Jacz.)Yu.]、有性阶段:钩状钩丝壳[*Pincinula adunca*(Wallr. Fr.)Lev]。

8. 杨树灰斑病(肿茎溃疡病)

病原菌:杨棒盘孢菌(*Coryneum populinum* Bres.)、有性阶段:东北球腔菌(*Mycos phaerella* mandshurica)。

9. 杨树叶枯病

病原菌:杨短孢球腔菌(*Mgcosphaerella crassa* Auerswald),生理病害(*Non-infection-Salt-alkall* damage)。

(二)分　布

上述各种危害杨树的叶部病害,在半湿润区的中、暖温带的平原区都可发现,只是因地、因时危害程度不同而有所差异。相对而言,华北平原暖温带地区发病率高于东北平原的中温带地区,在黑龙江省的三江平原、松嫩平原发病率较低。

(三)防治方法

第一,避免单一品种造林,提倡多品种块状混交或带状混交造林。

第二,在春季放叶前,进行合理修枝,剪除带病枝条,并将病枝集中烧掉,减少田间侵染。

第三,在发病初期,喷洒 70％克菌丹可湿性粉剂,以 5％的浓度进行防治。再加入适量洗衣粉制成克菌丹溶液。在发病初期喷雾在树叶的正、反两面,此后每 10 天喷洒 1 次,连续 3 次,即可基本灭杀病菌。笔者实践证明,防治上述各种病害具有明显灭菌效果。

第四,用灭锈宁、退菌特、福美肿或代森锰锌药剂,制成20％～25％溶液,于放叶后 15 天进行喷洒,连续喷洒 2～3 次,亦有良好防治效果。

三、枝干害虫

(一)种　类

青杨天牛(*Saperda populnea* L.)又名青杨楔天牛、山杨天牛、杨枝天牛。

光肩星天牛[*Anoplophora glabripennis*(Motsch.)]。

桑天牛[*Apriona germari*(Hope)]。

云斑天牛[*Batocera horsfleldi*(Hope)]。

杨干象(*Cryptorrhynchus lapathi* Linnaceus)。

白杨透翅蛾(*Paranthene tabaniformis* Rottenberg)。

(二)分　布

青杨天牛、杨干象主要分布于东北平原,光肩星天牛主要分布在华北平原和陕西省的关中平原。桑天牛、云斑天牛在华北平原的南部亦有发现,白杨透翅蛾在东北平原、华北平原和关中平原都有分布。

(三)防治方法

①做好苗木检疫、严禁有虫害的苗木外运。

②用80%敌敌畏乳油或乐果乳油、敌百虫、辛硫磷乳油100~500倍液注入树干上的虫孔,可有效杀灭天牛、杨干象和白杨透翅蛾。

③保护和招引啄木鸟。

④在成虫羽化盛期,用乐果乳油1 000倍液喷洒树冠和树干,借以杀死成虫和初孵幼虫。

四、叶部害虫

(一)种　类

杨黄卷叶螟(*Botyldes diniasalis* Walker)。

杨扇舟蛾[*Clostera anachoreta* (Fabr.)]。

杨小舟蛾[*Micromelalopha troglodyta*(Graeser.)]。

杨白潜蛾(*leucoptera susinella* Herrich-Schaffer.)。

杨尺蠖(*Apocheina cinerarius* Erschoff)。

分月扇舟蛾[*Clostera anastomosis*(Linnacus)]。

杨毒蛾(*Stilpnotia candida* Standinger)。

舞毒蛾(*Lymantria dispar* L.)。

(二)分　布

在东北大平原、华北大平原及关中平原都有不同程度的分布和危害,只是在不同地点、不同时间出现的种类有所不同。

(三)防治方法

①进行中耕,借以消灭地下越冬的蛹。

②在成虫发生期,设置荧光灯诱杀。

③掌握幼虫孵化时机,及时喷洒 90％敌百虫 100 倍液,或 50％辛硫磷乳油、乐果乳油 100 倍液。

五、美国白蛾[*Hgphantria cunea*(Drarg)]

(一)幼虫取食特性

美国白蛾亦属食叶害虫,但在杨树林内少有发生,多发生危害于比较稀疏的防护林和散生树木、林缘树木,因而对杨树林有一定危害。

美国白蛾又名秋幕毛虫、秋幕虫。其幼龄幼虫群集结网生活，一至二龄幼虫只取食叶肉，剩下叶脉，三龄幼虫将食叶片、咬成缺刻状，并群集于一个网幕内，至四龄开始分成若干小群体形成几个小网幕，幼虫藏于其中取食，至四龄末期，幼虫食量大增，五龄以后幼虫分成单个个体取食，食量暴增，五龄以上的幼虫可以在 9～15 天不取食仍可继续发育，并可做远距离传播。

(二)发育过程

美国白蛾 1 年发生 2 代，以蛹越冬，越冬蛹在翌年 5 月上中旬开始羽化成为成虫，羽化期因地区和当地气温不同而异，一般可延续 6 月下旬至 7 月上旬。

当年第一代卵最早可在 4 月下旬见到，第一代幼虫多数发生期在 6 月上旬至 8 月上旬。7 月中旬开始化蛹，7 月下旬开始羽化为成虫，至 8 月下旬羽化过程结束。

第二代幼虫发生于 8 月上旬至 11 月上旬，9 月上中旬开始化蛹，9 月下旬至 10 月上旬为化蛹盛期。

成虫羽化时，蛾脱蛹壳后，爬到附近墙壁或树干上，多停留在 1.5 米以下部位，白天静伏不动。成虫羽化温度一般在 18℃～19℃，日平均气温低于 15℃时对成虫羽化有显著抑制作用。成虫飞翔力不强，趋光性较弱，但对紫外光的趋光性较强，用黑光灯可诱杀一定数量成虫。

第二代幼虫是危害盛期，是全年危害最为严重的时期，常造成整株树木的树叶被吃光的现象。

(三)防治方法

1. 仿生药剂防治 采用灭幼脲可有效灭杀美国白蛾，并能保护天敌，避免环境污染；但必须在虫口密度很大、幼虫网幕高峰期即在幼虫三龄前施用，施药时要注意喷洒均匀。

2. 采用美国白蛾 NPV 病毒剂 在低龄幼虫期，采用美国白蛾 NPV 病毒剂喷洒防治网幕幼虫,防治率可达 94％以上。

3. 性信息素诱杀成虫　利用美国白蛾性信息素诱芯,在成虫发生期诱杀雄性成虫,或利用美国白蛾处女雌蛾活体引诱雄成虫。方法是将做好的诱捕器于傍晚日落后挂在美国白蛾喜食树种的树枝上,翌日清晨或傍晚取回。

4. 老熟幼虫和蛹期的防治　对老熟幼虫和蛹期,释放白蛾周氏啮小蜂进行生物防治,可收到持续控制和不施用化学药剂的效果。

5. 利用松毛虫赤眼蜂防治　释放松毛虫赤眼蜂防治,平均寄生率可达 28％左右。由于寄生率低,较少使用。

6. 人工防治　人工剪除美国白蛾二至三龄幼虫网幕。

参考文献

[1]　陈章水.杨树栽培实用技术[M].北京:中国林业出版社,2005.

[2]　徐纬英.杨树[M].黑龙江人民出版社,1988.

[3]　刘培林.杨树良种选育与栽培[M].中国林业出版社,2003.

[4]　全国土壤普查办公室.中国土壤[M].中国农业出版社,1989.

[5]　科学技术部中国农村技术开发中心.林木病虫害防治技术[M].中国农业科学技术出版社,2006.

[6]　陈章水.长江中下游平原杨树集约栽培[M].金盾出版社,2008.

[7]　刘于鹤.气候变化与中国林业碳汇[M].气象出版社,2011.

[8]　国家林业局.发展现代林业,促进绿色增长[M].中国林业出版社,2011.

[9]　山东省林木种苗站.山东林木良种[M].2009.

[10]　黑龙江省森林编委会.黑龙江森林[M].东北林业大学出版社、中国林业出版社 1993.

[11]　河南省森林编委会.河南森林[M].中国林业出版社,2000.

[12]　辽宁省森林编委会.辽宁森林[M].中国林业出版社,1990.

以上图书由全国各地新华书店经销。凡向本社邮购图书或音像制品，可通过邮局汇款，在汇单"附言"栏填写所购书目，邮购图书均可享受9折优惠。购书30元（按打折后实款计算）以上的免收邮挂费，购书不足30元的按邮局资费标准收取3元挂号费，邮寄费由我社承担。邮购地址：北京市丰台区晓月中路29号，邮政编码：100072，联系人：金友，电话：（010）83210681、83210682、83219215、83219217（传真）。